国家出版基金资助项目
现代数学中的著名定理纵横谈丛书
丛书主编　王梓坤

HAAR MEASURE THEOREM

Haar 测度定理

刘培杰数学工作室　编

哈尔滨工业大学出版社
HARBIN INSTITUTE OF TECHNOLOGY PRESS

内容简介

本书从一道冬令营试题的背景谈起,详细介绍了哈尔测度及其相关知识.全书共分 8 章,分别为:一道冬令营试题、集合、拓扑空间、距离空间、点集的容积与测度、哈尔测度、右哈尔测度和哈尔覆盖函数、局部紧拓扑群上右不变哈尔积分的存在性.

本书可供从事这一数学分支或相关学科的数学工作者、大学生以及数学爱好者研读.

图书在版编目(CIP)数据

Haar 测度定理 / 刘培杰数学工作室编.
—哈尔滨:哈尔滨工业大学出版社,2016.5
(现代数学中的著名定理纵横谈丛书)
ISBN 978 - 7 - 5603 - 5848 - 2

Ⅰ.①H… Ⅱ.①刘… Ⅲ.①哈尔测度
Ⅳ.①O174.12

中国版本图书馆 CIP 数据核字(2016)第 010624 号

策划编辑 刘培杰 张永芹
责任编辑 张永芹 钱辰琛
封面设计 孙茵艾
出版发行 哈尔滨工业大学出版社
社　　址 哈尔滨市南岗区复华四道街 10 号 邮编 150006
传　　真 0451 - 86414749
网　　址 http://hitpress.hit.edu.cn
印　　刷 哈尔滨市石桥印务有限公司
开　　本 787mm×960mm 1/16 印张 15 字数 179 千字
版　　次 2016 年 5 月第 1 版 2016 年 5 月第 1 次印刷
书　　号 ISBN 978 - 7 - 5603 - 5848 - 2
定　　价 68.00 元

⊙代序

读书的乐趣

你最喜爱什么——书籍.

你经常去哪里——书店.

你最大的乐趣是什么——读书.

这是友人提出的问题和我的回答.真的,我这一辈子算是和书籍,特别是好书结下了不解之缘.有人说,读书要费那么大的劲,又发不了财,读它做什么?我却至今不悔,不仅不悔,反而情趣越来越浓.想当年,我也曾爱打球,也曾爱下棋,对操琴也有兴趣,还登台伴奏过.但后来却都一一断交,“终身不复鼓琴”.那原因便是怕花费时间,玩物丧志,误了我的大事——求学.这当然过激了一些.剩下来唯有读书一事,自幼至今,无日少废,谓之书痴也可,谓之书橱也可,管它呢,人各有志,不可相强.我的一生大志,便是教书,而当教师,不多读书是不行的.

读好书是一种乐趣,一种情操;一种向全世界古往今来的伟人和名人求教的方法，一种和他们展开讨论的方式；一封出席各种社会、体验各种生活、结识各种人物的邀请信；一张迈进科学宫殿和未知世界的入场券；一股改造自己、丰富自己的强大力量．书籍是全人类有史以来共同创造的财富，是永不枯竭的智慧的源泉．失意时读书，可以使人重整旗鼓；得意时读书，可以使人头脑清醒；疑难时读书，可以得到解答或启示；年轻人读书，可明奋进之道；年老人读书，能知健神之理．浩浩乎！洋洋乎！如临大海，或波涛汹涌，或清风微拂，取之不尽，用之不竭．吾于读书，无疑义矣，三日不读，则头脑麻木，心摇摇无主．

潜能需要激发

我和书籍结缘，开始于一次非常偶然的机会．大概是八九岁吧，家里穷得揭不开锅，我每天从早到晚都要去田园里帮工．一天，偶然从旧木柜阴湿的角落里，找到一本蜡光纸的小书，自然很破了．屋内光线暗淡，又是黄昏时分，只好拿到大门外去看．封面已经脱落，扉页上写的是《薛仁贵征东》．管它呢，且往下看．第一回的标题已忘记，只是那首开卷诗不知为什么至今仍记忆犹新：

日出遥遥一点红，飘飘四海影无踪．

三岁孩童千两价，保主跨海去征东．

第一句指山东，二、三两句分别点出薛仁贵（雪、人贵）．那时识字很少，半看半猜，居然引起了我极大的兴趣，同时也教我认识了许多生字．这是我有生以来独立看的第一本书．尝到甜头以后，我便千方百计去找书，向小朋友借，到亲友家找，居然断断续续看了《薛丁山征西》《彭公案》《二度梅》等，樊梨花便成了我心中的女英雄.我真入迷了.从此,放牛也罢,车水也罢,我总要带一本书,还练出了边走田间小路边读书的本领,读得津津有味,不知人间别有他事.

当我们安静下来回想往事时,往往会发现一些偶然的小事却影响了自己的一生.如果不是找到那本《薛仁贵征东》,我的好学心也许激发不起来.我这一生,也许会走另一条路.人的潜能,好比一座汽油库,星星之火,可以使它雷声隆隆、光照天地;但若少了这粒火星,它便会成为一潭死水,永归沉寂.

抄,总抄得起

好不容易上了中学,做完功课还有点时间,便常光顾图书馆.好书借了实在舍不得还,但买不到也买不起,便下决心动手抄书.抄,总抄得起.我抄过林语堂写的《高级英文法》,抄过英文的《英文典大全》,还抄过《孙子兵法》,这本书实在爱得狠了,竟一口气抄了两份.人们虽知抄书之苦,未知抄书之益,抄完毫末俱见,一览无余,胜读十遍.

始于精于一,返于精于博

关于康有为的教学法,他的弟子梁启超说:"康先生之教,专标专精、涉猎二条,无专精则不能成,无涉猎则不能通也."可见康有为强烈要求学生把专精和广博(即"涉猎")相结合.

在先后次序上,我认为要从精于一开始.首先应集中精力学好专业,并在专业的科研中做出成绩,然后逐步扩大领域,力求多方面的精.年轻时,我曾精读杜布(J. L. Doob)的《随机过程论》,哈尔莫斯(P. R. Halmos)的《测度论》等世界数学名著,使我终身受益.简言之,即"始于精于一,返于精于博".正如中国革命一样，必须先有一块根据地，站稳后再开创几块，最后连成一片.

丰富我文采，澡雪我精神

辛苦了一周，人相当疲劳了，每到星期六，我便到旧书店走走，这已成为生活中的一部分，多年如此. 一次，偶然看到一套《纲鉴易知录》，编者之一便是选编《古文观止》的吴楚材. 这部书提纲挈领地讲中国历史，上自盘古氏，直到明末，记事简明，文字古雅，又富于故事性，便把这部书从头到尾读了一遍. 从此启发了我读史书的兴趣.

我爱读中国的古典小说，例如《三国演义》和《东周列国志》. 我常对人说，这两部书简直是世界上政治阴谋诡计大全. 即以近年来极时髦的人质问题（伊朗人质、劫机人质等），这些书中早就有了，秦始皇的父亲便是受害者，堪称"人质之父".

《庄子》超尘绝俗，不屑于名利. 其中"秋水""解牛"诸篇，诚绝唱也.《论语》束身严谨，勇于面世，"己所不欲，勿施于人"，有长者之风. 司马迁的《报任少卿书》，读之我心两伤，既伤少卿，又伤司马；我不知道少卿是否收到这封信，希望有人做点研究. 我也爱读鲁迅的杂文，果戈理、梅里美的小说. 我非常敬重文天祥、秋瑾的人品，常记他们的诗句："人生自古谁无死，留取丹心照汗青""谁言女子非英物，夜夜龙泉壁上鸣". 唐诗、宋词、《西厢记》《牡丹亭》，丰富我文采，澡雪我精神，其中精粹，实是人间神品.

读了邓拓的《燕山夜话》，既叹服其广博，也使我动了写《科学发现纵横谈》的心. 不料这本小册子竟给我招来了上千封鼓励信. 以后人们便写出了许许多多的"纵横谈".

从学生时代起,我就喜读方法论方面的论著.我想,做什么事情都要讲究方法,追求效率、效果和效益,方法好能事半而功倍.我很留心一些著名科学家、文学家写的心得体会和经验.我曾惊讶为什么巴尔扎克在51年短短的一生中能写出上百本书,并从他的传记中去寻找答案.文史哲和科学的海洋无边无际,先哲们的明智之光沐浴着人们的心灵,我衷心感谢他们的恩惠.

读书的另一面

以上我谈了读书的好处,现在要回过头来说说事情的另一面.

读书要选择.世上有各种各样的书:有的不值一看,有的只值看20分钟,有的可看5年,有的可保存一辈子,有的将永远不朽.即使是不朽的超级名著,由于我们的精力与时间有限,也必须加以选择.决不要看坏书,对一般书,要学会速读.

读书要多思考.应该想想,作者说得对吗?完全吗?适合今天的情况吗?从书本中迅速获得效果的好办法是有的放矢地读书,带着问题去读,或偏重某一方面去读.这时我们的思维处于主动寻找的地位,就像猎人追找猎物一样主动,很快就能找到答案,或者发现书中的问题.

有的书浏览即止,有的要读出声来,有的要心头记住,有的要笔头记录.对重要的专业书或名著,要勤做笔记,"不动笔墨不读书".动脑加动手,手脑并用,既可加深理解,又可避忘备查,特别是自己的灵感,更要及时抓住.清代章学诚在《文史通义》中说:"札记之功必不可少,如不札记,则无穷妙绪如雨珠落大海矣."

许多大事业、大作品，都是长期积累和短期突击相结合的产物. 涓涓不息，将成江河；无此涓涓，何来江河？

爱好读书是许多伟人的共同特性，不仅学者专家如此，一些大政治家、大军事家也如此. 曹操、康熙、拿破仑、毛泽东都是手不释卷，嗜书如命的人. 他们的巨大成就与毕生刻苦自学密切相关.

王梓坤

⊙目录

第1章 一道冬令营试题

设 X 是一个有限集合，法则 f 使得 X 的每一个偶子集 E（偶数个元素组成的子集）都对应一个实数 $f(E)$，且满足如下条件：

(1) 存在一个偶子集 D，使得

$$f(D) > 1\ 996$$

(2) 对于 X 的任意两个不相交的偶子集 A,B，有

$$f(A\cup B) = f(A) + f(B) - 1\ 996$$

求证：存在 X 的子集 P 和 Q，满足：

(i) $P\cap Q = \varnothing$，$P\cup Q = \mathbf{Z}$；

(ii) 对 P 的任何非空偶子集 S，有

$$f(S) > 1\ 996$$

(iii) 对 Q 的任何偶子集 T，有

$$f(T) \leqslant 1\ 996$$

证明 注意到 X 是有限集，所以 X 只能有有限个偶子集. 于是，由极端原理可知，$\exists$（存在）偶子集 U，使得

$$f(U) = \max_{\substack{U\subset X \\ |U|\equiv 0 (\bmod 2)}} \{f(U)\}$$

这样的 U 可能不止一个. 我们取使 f 达到最大值的偶子集中元素最少的一个

作为 P(假如这样的集合不止一个,我们任取其一).然后再取 $Q=X\backslash P$. 在这样的取法之下,显然有

$$P\cap Q=\varnothing, P\cup Q=X$$

往证:P,Q 也满足(ii)和(iii).

由于已知 $\exists D$,使得 $f(D)>1\ 996$. 故由 P 的取法可知

$$f(P)\geqslant f(D)>1\ 996$$

我们再来考察 P 的任何一个非空的真偶子集. 因为

$$f(P)=f(S\cup(P\backslash S))=f(S)+f(P\backslash S)-1\ 996$$

并且注意到 $P\backslash S$ 也是偶子集且元素个数小于 P,所以

$$f(P\backslash S)\notin\left\{\max_{\substack{U\subset X\\ |U|\equiv 0(\mathrm{mod}\ 2)}} f(U)\right\}$$

故 $$f(P\backslash S)<f(P)$$

从而 $$f(S)-1\ 996=f(P)-f(P\backslash S)>0$$

即 $f(S)>1\ 996$. 故(ii)成立.

对 $\forall T\subset Q,|T|\equiv 0(\mathrm{mod}\ 2)$,显然 $f(T\cup P)$ 不能超过最大值 $f(P)$. 于是由

$$f(T\cup P)=f(T)+f(P)-1\ 996$$

可得 $$f(T)-1\ 996=f(T\cup P)-f(P)\leqslant 0$$

即 $f(T)\leqslant 1\ 996$. 故(iii)也成立.

注 1 本题是根据第 5 届冬令营试题改编.

注 2 本题的背景是匈牙利著名数学家、1903 年匈牙利数学奥林匹克优胜者艾尔弗雷德·哈尔(Alfréd Haar,1885—1933)提出的以他的名字命名的哈尔测度的特例.

艾尔弗雷德·哈尔曾是德国大数学家希尔伯特的助教. 他的父亲是一位匈牙利的大葡萄园主,十分富有. 据库朗回忆,当时在哥廷根大学,存在一个数学小

圈子，其领袖人物就是艾尔弗雷德·哈尔. 他个子不高，身材匀称. 库朗说他有一种让人佩服的品质，仿佛在世界上哪里都跟在家里一样. 他是一个头脑反应特别快而且思维非常精确的天才. 这种数学天分后来在冯·诺伊曼身上见到过. 当时所有的学生都相信，艾尔弗雷德·哈尔会成为给数学留下最深印记的大数学家之一.

我国著名科学家钱伟长先生的导师冯·卡门教授同哈尔一样都是匈牙利数学奥林匹克的优胜者. 他是由哈尔介绍到哥廷根大学去的，并很快接替哈尔的位置当上库朗都公认的“圈内”的领袖.

集　合[1]

第2章

§1　集合及其运算

集合的概念已成为现代数学最基本的概念. 了解集合论知识的读者也许会想起基数(势)或序数的理论,但是作为数学这一门的最基本的集合论并不是指这些概念.

不论是读者已学过的代数学和几何学,抑或是即将要学的拓扑和测度理论,它们的完整体系都是先取集合 S,从而设定其元素及子集的性质和运算的公理来构成的. 自然科学与数学的关系好比文学与语法的关系. 文学的主体为思想而表现于文章,语法则说明文章的构造. 自然科学的研究对象为实体,而可用数学将它表达出来. 数学的对象是几乎完全抽象的东西,而我们主要的兴趣仅在于它们相互的结合. 这个抽象的东西就是集合.

① 本章摘编自河田敬义的《集合·拓扑·测度》.

读者也许在开始的时候有这样的印象，就是把极容易的东西，故意唠唠叨叨说得难懂. 但希望把它看作学外语必须先学语法一样，刚开始学习时要有耐心. 以下，用易懂的方法从集合论的叙述讲起.

逻辑记号　$\neg A$ 表示否定，$A \wedge B$ 是合取符号（A 和 B），$A \vee B$ 是析取符号（A 或 B）. $A \Rightarrow B$ 是推断符号，即若 A 则 B. $A \Leftrightarrow B$ 是等价符号，即 $A \Rightarrow B$ 且 $B \Rightarrow A$. 此外

$$(\exists x)\quad P$$

表示“存在着具有性质 P 的 x”；又

$$(\forall x)\quad P$$

则表示“对于所有 x 都有性质 P”.

所谓事物 a（不是字母 a）就是指用 a 来表示的对象. $a = b$ 意味着：关于 a 成立的性质，对于 b 也成立，而关于 b 成立的性质，对于 a 亦成立. 所谓集合 A 就是可以互相区别的事物的汇集. 构成集合 A 的事物 a 称为 A 的元（或称元素（element））. 当事物 a 属于 A（或者说含于 A）时，记为

$$a \in A$$

否则就用 $a \notin A$ 表示.

在集合论中，所有其他的概念都可以由事物（元素）、集合和关系（$\in$）引导出来.

1.1*[①]　设有两个集合 A, B，如果 A 中的元素与 B 中的元素完全一致，也就是说：$a \in A \Leftrightarrow a \in B$ 的时候，表示 $A = B$.

1.2*　一个元素都没有的集合（这也认为是集合

---

① 凡带有“＊”号者表示这一小段为定义（下同）. ——编者注

的一种)称为空集(empty set). 空集用“$\varnothing$”表示.

当集合 A 含有元素 $a,b,\cdots,c$ 时,记为

$$A=\{a,b,\cdots,c\}$$

例如:$\{x\}$ 表示仅含一个元素 x 的集合,而 $\{x,y\}$ 则是由两个元素 x,y 所构成.

$\{x,y\}$ 与 $\{y,x\}$ 是同一集合的不同写法,故 $\{x,y\}=\{y,x\}$.

1.3[*] 当 $x\in A$ 时,称 x 为变元,而称 A 为 x 的变域. 设 $P(x)$ 是关于 x 的命题,那么

$$B=\{x\in A\mid P(x)\}$$

则表示:对于使命题 $P(x)$ 成立的所有属于 A 的 x 的全体

1.4[*] 若 A 的所有元素都是 B 中元素,即

$$a\in A\Rightarrow a\in B$$

此时称 A 为 B 的子集,记为

$$A\subset B$$

由此可知:

(1) $\varnothing\subset A$;

(2) $x\in A\Leftrightarrow\{x\}\subset A$;

(3) $A=B\Leftrightarrow(A\subset B)\wedge(B\subset A)$;

(4) $(A\subset B)\wedge(B\subset C)\Rightarrow A\subset C$.

1.5[*] (1)所谓 C 是 A,B 两集合的和集(或称并集),是指由 A 及 B 中的元素全体所构成的集合,即

$$x\in C\Leftrightarrow(x\in A)\vee(x\in B)$$

记为

$$C=A\cup B$$

(2)所谓 C 是 A,B 两集合的交集,意指 C 是由 A,B 共有元素所构成的集合,即

$$x\in C\Leftrightarrow(x\in A)\wedge(x\in B)$$

记为

$$C = A \cap B$$

(3)设 A,B 为两个集合,并设集合 C 的所有元素都属于 A 但不属于 B,即

$$x \in C \Leftrightarrow (x \in A) \wedge (x \notin B)$$

这时称 C 为 A 与 B 的差集,记为

$$C = A \backslash B$$

(参见图1).

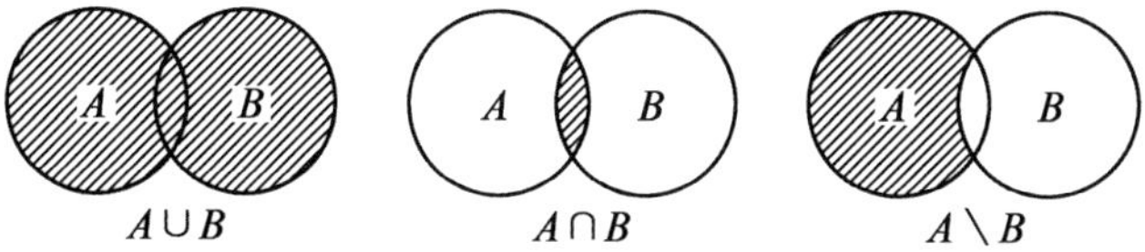

图1

1.6　对于集合 $A,B,C,\cdots$,有如下的性质:

交换律

$$A \cap B = B \cap A, A \cup B = B \cup A$$

结合律

$$(A \cap B) \cap C = A \cap (B \cap C)$$

$$(A \cup B) \cup C = A \cup (B \cup C)$$

分配律

$$(A \cup B) \cap C = (A \cap C) \cup (B \cap C)$$

$$(A \cap B) \cup C = (A \cup C) \cap (B \cup C)$$

吸收律

$$(A \cup B) \cap A = A, (A \cap B) \cup A = A$$

1.7[*]　集合的元素可以为任何事物,因此,以集合为元素而构成的集合(集合的集合)也在考虑之列.在这样的意义下,我们用 $\mathfrak{P}(X)$ 表示以集合 X 的所有子集为元素而构成的集合,并称 $\mathfrak{P}(X)$ 为 X 的幂集合,记为

$$\mathfrak{P}(X)=\{A \mid A\subset X\}$$

特别地,$\varnothing$与 X 都属于$\mathfrak{P}(X)$. 一般来讲,$\mathfrak{P}(X)$的子集$\mathfrak{A}$称为集合族. 此外,对于 $A\in\mathfrak{P}(X)$,称

$$\complement_X A=X\setminus A$$

为 A 的(关于 X 的)补集(complement).

若 $A,B\in\mathfrak{P}(X)$,则 $A\cup B$ 及 $A\cap B$ 也属于$\mathfrak{P}(X)$. 除此以外,尚有下面等式成立:

1.8 德摩根(de Morgan)公式

$$\complement_X(A\cup B)=(\complement_X A)\cap(\complement_X B)$$

$$\complement_X(A\cap B)=(\complement_X A)\cup(\complement_X B)$$

$$\complement_X(\complement_X A)=A$$

$$A\cup(\complement_X A)=X$$

$$A\cap(\complement_X A)=\varnothing$$

1.9[*] 用(a,b)表示元素 a,b 的序偶

$$(a,b)=(a',b')\Leftrightarrow a=a'\wedge b=b'$$

例如,$(a,b)=(\{a\},\{a,b\})$,即有上述的性质.

设 A,B 为两个集合,称

$$A\times B=\{(a,b)\mid a\in A\wedge b\in B\}$$

为 A 与 B 的笛卡儿积(图 2). 它的射影 pr(projection)定义为

$$pr_A:A\times B\to A,pr_A(a,b)=a$$

$$pr_B:A\times B\to B,pr_B(a,b)=b$$

如果 $A_1\subset A,B_1\subset B$,就定义为

$$\begin{cases}pr_A^{-1}(A_1)=A_1\times B,pr_B^{-1}(B_1)=A\times B_1\\ pr_A^{-1}(A_1)\cap pr_B^{-1}(B_1)=A_1\times B_1\end{cases}$$

设 $A_1,A_2\subset A$,而 $B_1,B_2\subset B$,可证下面等式成立

$$(A_1\times B_1)\cap(A_2\times B_2)=(A_1\cap A_2)\times(B_1\cap B_2)$$

$$\complement_{A\cup B}(A_1\times B_1)=((\complement_A A_1)\times B)\cup(A_1\times(\complement_B B_1))$$
$$=(A\times(\complement_B B_1))\cup((\complement_A A_1)\times B_1)$$

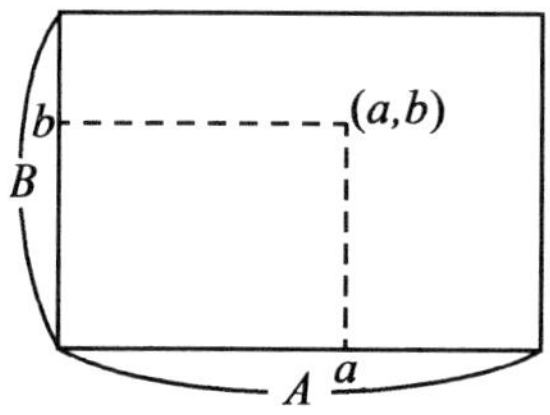

图2

同样地,用
$$(a,b,c,\cdots,f)=((\cdots((a,b),c),\cdots),f)$$
来定义元素 $a,b,c,\cdots,f$ 的有序集. $(a,b,c,\cdots,f)=(a',b',c',\cdots,f')\Leftrightarrow a=a',b=b',\cdots,f=f'$. 用
$$A\times B\times\cdots\times C=\{(a,b,\cdots,c)\mid a\in A,b\in B,\cdots,c\in C\}$$
来定义集合 $A,B,\cdots,C$ 的笛卡儿积.

§2 映 射

2.1[*] 设有集合 A,B. 如果有一对应关系或法则存在,对于 A 中任一元素 a,有 B 中唯一的一个元素 b 与之对应,那么我们就称给出了一个从 A 到 B 的映射 f,用
$$f:A\to B\quad(\text{或 } A\xrightarrow{f}B)$$
表示,并记为 $b=f(a)$. 此时称 A 为映射 f 的定义域(domain),而
$$f(A)=\{f(a)\mid a\in A\}\quad(\subset B)$$
称为 f 的值域(range). 对应、函数与映射同义.

2.2[*] 设有两个映射 f,g. $f=g$ 表示 f 的定义域

A 与 g 的定义域 A 完全一致,且对所有的 $a\in A$ 皆有 $f(a)=g(a)$. 如果映射 $f:A\to B$,对于任意 $a\in A$,都有 $f(a)=b_0$,这里 b_0 为一个固定的元,则称 f 为以 b_0 为值的常值映射. 若 $A=B$,而且对于所有的 $a\in A$,都有 $f(a)=a$,则称 f 为 A 的恒等映射,用 I_A 来表示.

2.3* 设 $f:A\to B$,如果

$$f(A)=B$$

则称 f 为 A 到 B 上的映射(或称完全映射). 如果

$$f(a)=f(a')\Rightarrow a=a'$$

则称 f 为一一对应的映射(或称单调映射). 若映射 $f:A\to B$ 是由 A 到 B 上的一一对应的映射,则称 f 为完全一一对应的映射(或称完全单调映射). 设 $f:A\to B$ 为完全一一对应的映射,对于 $f(a)=b$,置

$$a=f^{-1}(b)\quad (a\in A,b\in B)$$

于是,得出一个完全映射 $f^{-1}:B\to A$,称 f^{-1} 为 f 的逆映射.

2.4* 设映射 $f:A\to B$,$g:B\to C$,用

$$h(a)=g(f(a))\quad (a\in A)$$

来定义映射 $h:A\to C$,这时称 h 为 f,g 的结合(图 3),记为

$$h=g\circ f$$

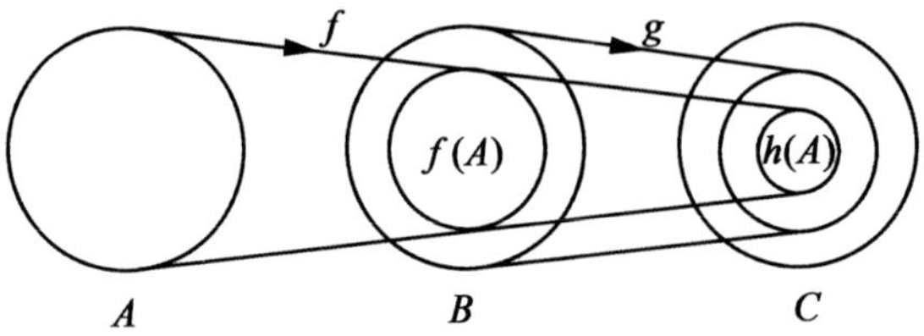

图 3

2.5 由上面定义可得:

(1)结合律:$A\xrightarrow{f}B\xrightarrow{g}C\xrightarrow{h}D\Rightarrow h\circ(g\circ f)=(h\circ g)\circ f$.

(2)设$f:A\to B$为完全一一对应的映射,则

$$f^{-1}\circ f=I_A, f\circ f^{-1}=I_B$$

注 由完全一一对应的映射$f:A\to A$全体构成的集合,按照上面的结合律成群.这时,群的单位元为I_A,f的逆元为f^{-1}.

2.6* 设$A_1\subset A$,并有映射$f:A\to B$,$g:A_1\to B$,如果对于所有的$a_1\in A_1$,有

$$f(a_1)=g(a_1)$$

则称f为g的扩大,相对地来讲,称g为f的缩小,记为

$$g=f|A_1$$

设有映射$f:A\to B$.作$A\times B$的子集合

$$G(f)=\{(a,f(a))|a\in A\}$$

称$G(f)$为f的图像(图4).$E=G(f)$具有下面的性质:

(1)对于所有的$a\in A$,存在着$(a,b)\in E$的元素(a,b);

(2)若$(a,b)\in E$,$(a,b')\in E$,则$b=b'$.

反之,如果$E\subset A\times B$满足(1),(2),当$(a,b)\in E$时,置$b=f(a)$,这样就定义了一个映射$f:A\to B$.由此可见,映射的概念在集合论中,并不是新的概念,可从具有性质(1),(2)的$A\times B$的子集E引出来.

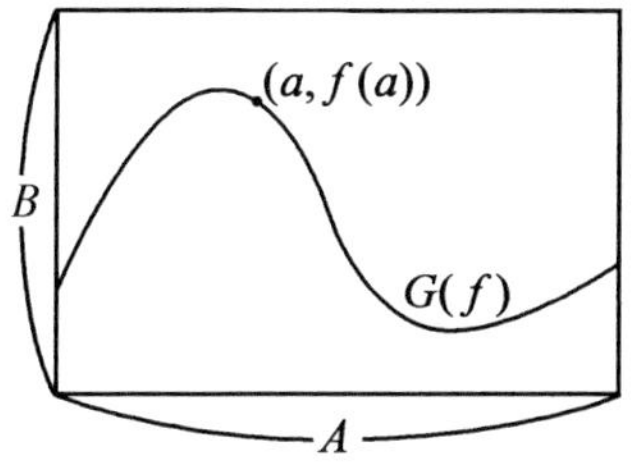

图4

2.7* (多变元的映射)用

$$f(x_1,x_2,\cdots,x_n)=y \quad (x_i\in X_i, i=1,2,\cdots,n)$$

表示映射

$$f:X_1\times X_2\times\cdots\times X_n\to Y$$

这时,称 f 为 n 变元的映射.

2.8[*] 已知一映射 $f:X\to Y$,当 $A\in\mathfrak{P}(X)$ 时,置

$$f(A)=\{f(a)\mid a\in A\} \quad (\in\mathfrak{P}(Y))$$

当 $B\in\mathfrak{P}(Y)$ 时,置

$$f^{-1}(B)=\{b\mid f(b)\in B\} \quad (\in\mathfrak{P}(X))$$

(图 5). 在这个定义中,f 是完全映射抑或完全一一对应的映射,那是无关紧要的. 于是,由 $f:X\to Y$ 就引出了映射

$$f:\mathfrak{P}(X)\to\mathfrak{P}(Y) \text{ 及 } f^{-1}:\mathfrak{P}(Y)\to\mathfrak{P}(X)$$

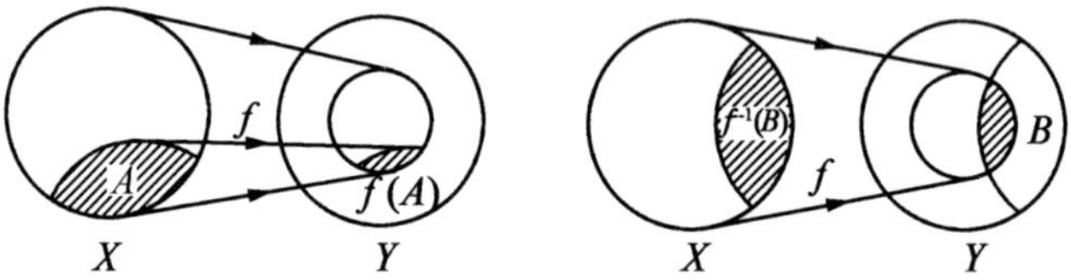

图 5

2.9 设 $A_1,A_2\in\mathfrak{P}(X)$,则

$$A_1\subset A_2\Rightarrow f(A_1)\subset f(A_2)$$

$$f(A_1\cup A_2)=f(A_1)\cup f(A_2)$$

$$f(A_1\cap A_2)\subset(f(A_1)\cap f(A_2))$$

设 $B_1,B_2\in\mathfrak{P}(Y)$,则

$$B_1\subset B_2\Rightarrow f^{-1}(B_1)\subset f^{-1}(B_2)$$

$$f^{-1}(B_1\cup B_2)=f^{-1}(B_1)\cup f^{-1}(B_2)$$

$$f^{-1}(B_1\cap B_2)=f^{-1}(B_1)\cap f^{-1}(B_2)$$

$$f^{-1}(\complement_{\mathfrak{P}(Y)}B_1)=\complement_{\mathfrak{P}(Y)}f^{-1}(B_1)$$

2.10[*] 设有映射 $f:\Lambda\to\mathfrak{P}(X)$,置

$$f(\Lambda)=\{A_\lambda \mid \lambda\in\Lambda\}\quad(\subset\mathfrak{P}(X),A_\lambda=f(\lambda))$$

称$f(\Lambda)$为以Λ为参变数的集合族,记

$$\bigcup_{\lambda\in\Lambda}A_\lambda=\{x\mid\exists\lambda\in\Lambda,x\in A_\lambda\}\quad(\in\mathfrak{P}(X))$$

$$\bigcap_{\lambda\in\Lambda}A_\lambda=\{x\mid\forall\lambda\in\Lambda,x\in A_\lambda\}\quad(\in\mathfrak{P}(X))$$

若$\Lambda=\{1,2,\cdots,n\}$,则

$$f(\Lambda)=\{A_1,A_2,\cdots,A_n\}$$

以及

$$\bigcup_{\Lambda}A_\lambda=\bigcup_{i=1}^{n}A_i=A_1\cup A_2\cup\cdots\cup A_n$$

$$\bigcap_{\Lambda}A_\lambda=\bigcap_{i=1}^{n}A_i=A_1\cap A_2\cap\cdots\cap A_n$$

若$\Lambda=\{1,2,\cdots,n,\cdots\}$,则

$$f(\Lambda)=\{A_1,A_2,\cdots,A_n,\cdots\}$$

且

$$\bigcup_{\Lambda}A_\lambda=\bigcup_{i=1}^{\infty}A_i,\ \bigcap_{\Lambda}A_\lambda=\bigcap_{i=1}^{\infty}A_i$$

注 利用上述定义,可得:

(1)$\complement_{\mathfrak{P}(X)}(\bigcup_{\lambda\in\Lambda}A_\lambda)=\bigcap_{\lambda\in\Lambda}(\complement_{\mathfrak{P}(X)}A_\lambda)$;

$\complement_{\mathfrak{P}(X)}(\bigcap_{\lambda\in\Lambda}A_\lambda)=\bigcup_{\lambda\in\Lambda}(\complement_{\mathfrak{P}(X)}A_\lambda)$.

(2)设$f:X\to Y,A_\lambda\in\mathfrak{P}(X)$,则

$$f(\bigcup_{\lambda\in\Lambda}A_\lambda)=\bigcup_{\lambda\in\Lambda}f(A_\lambda),f(\bigcap_{\lambda\in\Lambda}A_\lambda)\subset\bigcap_{\lambda\in\Lambda}f(A_\lambda)$$

(3)设$f:X\to Y,B_\lambda\in\mathfrak{P}(X)$,则

$$f^{-1}(\bigcup_{\lambda\in\Lambda}B_\lambda)=\bigcup_{\lambda\in\Lambda}f^{-1}(B_\lambda),f^{-1}(\bigcap_{\lambda\in\Lambda}B_\lambda)=\bigcap_{\lambda\in\Lambda}f^{-1}(B_\lambda)$$

2.11* 设有两个集合A,B,用记号

$$B^A$$

表示从A到B的所有映射f的全体.如果映射f与它

的图像 $G(f)\subset A\times B$ 等量齐观的话，那么

$$B^A\subset\mathfrak{P}(A\times B)$$

2.12* 设有集合族 $\{A_\lambda\mid\lambda\in\Lambda\}$ $(A_\lambda\in\mathfrak{P}(X))$，用

$$P=\prod_{\lambda\in\Lambda}A_\lambda\quad(\subset X^\Lambda)$$

表示具有 $\lambda\in\Lambda$ 及 $f(\lambda)\in A_\lambda$ 这样性质的映射 f 的全体，即 $\{f\mid f\in X^\Lambda,f(\lambda)\in A_\lambda(\lambda\in\Lambda)\}$，并称 $P=\prod\limits_{\lambda\in\Lambda}A_\lambda$ 为 $\{A_\lambda\mid\lambda\in\Lambda\}$ 的直积集合. P 的元素写成

$$\{a_\lambda\mid a_\lambda\in A_\lambda,\lambda\in\Lambda\}\quad(a_\lambda=f(\lambda))$$

或

$$(\cdots,a_\lambda,\cdots)$$

特别地，当 $\Lambda=\{1,2,3,\cdots,n\}$ 时，则有

$$\prod_\Lambda A_\lambda=A_1\times\cdots\times A_n$$

它的元素用 $(a_1,\cdots,a_n)$ 表示.

其次，当 $\Lambda=\{1,2,3,\cdots,n,\cdots\}$ 时，则有

$$\prod_\Lambda A_\lambda=\prod_{n=1}^{\infty}A_n$$

它的元素一般写为

$$(a_1,a_2,\cdots,a_n,\cdots)\quad(a_n\in A_n,n=1,2,\cdots)$$

对于直积集合 P 的任一元素

$$f=\{a_\lambda\mid a_\lambda\in A_\lambda\}$$

以 a_λ 与之对应 $(f\to a_\lambda)$，这样就得到了一个由 P 到 A_λ 的映射，称它为射影，用 pr_λ 表示，即

$$pr_\lambda:P\to A_\lambda$$

2.13 设 $A\in\mathfrak{P}(X)$，我们定义有如下性质的映射 $c_A:X\to\{0,1\}$ 且

$$c_A(x)=\begin{cases}1 & (x\in A)\\0 & (x\notin A)\end{cases}$$

称 c_A 为 A 的特征函数.

§3 基数(势)

3.1* 所谓两个集合 A,B 等价(equivalent)是指从 A 到 B 存在着一个完全一一对应的映射. A,B 等价时写成:$A\sim B$.

3.2 由等价定义,可知

$$A\sim A;A\sim B\Rightarrow B\sim A;A\sim B\wedge B\sim C\Rightarrow A\sim C$$

3.3* 对于集合 A,我们附以所谓基数(cardinal number 或称势)与它对应. A 的基数用 $\overline{\overline{A}}$ 或用德文字母$\mathfrak{M}$来表示. 当 $A\sim B$ 时,集合 A,B 称为有同一基数,用 $\overline{\overline{A}}=\overline{\overline{B}}$ 表示.

3.4* 用 $\mathbf{N}^*=\{1,2,3,\cdots,n,\cdots\}$ 表示正整数全体的集合. 凡与 $\mathbf{N}^*$ 等价的集合,称为可数(countable)集合. 集合 A 为可数的充要条件是:A 可表示成 $A=\{a_1,a_2,\cdots,a_n,\cdots\}$. 如果集合 A 有限或可数,就称它为充其量可数.

3.5 设集合 A,B 为可数,那么 $A\cup B,A\times B$ 也可数. 又映射 $f:A\to X$ 的象集合 $f(A)$ 为充其量可数,可是 $\mathfrak{P}(A)$ 并非可数.

证明 (1)设 $A=\{a_1,a_2,\cdots,a_n,\cdots\}$,$B\backslash A=\{b_1,b_2,\cdots,b_n,\cdots\}$(因 A,B 为可数,故 $B\backslash A$ 为充其量可数,所以可写成此形式),而

$$C=A\cup B=A\cup(B\backslash A)=\{c_1,c_2,\cdots,c_n,\cdots\}$$

于是,当 $B\backslash A$ 为无限集时,若置

$$c_{2n-1}=a_n$$
$$c_{2n}=b_n\quad(n=1,2,3,\cdots)$$

当 $B\backslash A$ 有 m 个元素时,置

$$c_1=b_1,\cdots,c_m=b_m,c_{m+n}=a_n$$

则 C 为可数集合,即 $A\cup B$ 为可数.

(2)设 $A=\{a_1,a_2,\cdots\}$,$B=\{b_1,b_2,\cdots\}$,我们只要置 $c_n=(a_i,b_{k-i})(i<k,n=1+2+\cdots+k-1+i)$,那么 $A\times B$ 可写成

$$C=A\times B=\{c_1,c_2,\cdots\}$$

于是可知 $A\times B$ 为可数.

(3)按照映射的定义易知 $f(A)$ 为充其量可数.

(4)最后证$\mathfrak{P}(A)$不是可数集合. 若$\mathfrak{P}(A)$为可数集合,则存在着一个完全一一映射 $f:A\to\mathfrak{P}(A)$,而 A 与 $\mathfrak{P}(A)$为等价. 现设 $B=\{x\mid x\in A,x\notin f(x)\}$. 因 $B\in\mathfrak{P}(A)$,故存在一个 b,使得 $f(b)=B$. 如果 $b\in B$,则由 B 的定义知,$b\notin f(b)=B$,所以 $b\in B$ 为不可能的. 如果 $b\notin B$,则 $b\in f(b)=B$,故 $b\notin B$ 也是不可能的,得出了矛盾,由此可见,$\mathfrak{P}(A)$不是可数集合. 证毕.

3.6 整数全体的集合 $\mathbf{Z}$,有理数集合 $\mathbf{Q}$ 都是可数集合. 实数集合则不可数.

证明 整数集合可以看作是正整数集合、负整数集合与$\{0\}$的并集,因此它为可数.

有理数(除 0 外)可表示成$\frac{b}{a}(a\in\mathbf{N}^*,b\in\mathbf{Z})$,而$\frac{b}{a}$对应着$(a,b)(a\in\mathbf{N}^*,b\in\mathbf{Z})$. 根据 3.5 知,$I\times\mathbf{Z}$ 为可数,所以 $\mathbf{Q}$ 为可数.

$[0,1]$中的实数可用无限二进位数来表示,由此可知,$[0,1]$与$\{0,1\}^I$(即是从 I 到$\{0,1\}$的映射的全体)除去一个可数集合外等价. 但$\{0,1\}^I$为不可数. 故$[0,1]$为不可数. 由此可知,实数集不可数.

基数的大小、加法、乘法以及基数的幂,在本书没有用到,故从略.

§4 关 系

作 A,B 的笛卡儿积 $A\times B$. 如果 R 为 $A\times B$ 的任一已给子集合(图6),则 R 用下面的方法规定了 A,B 之间的关系(relation),即是

$$\begin{cases}\text{当}(a,b)\in R\text{ 时},a\sim_R b\\ \text{当}(a,b)\notin R\text{ 时},a\nsim_R b\end{cases}$$

(由此可见,依照映射 $f:A\to B$ 的图像 $G(f)(\subset A\times B)$ 能够确定 A,B 的关系).

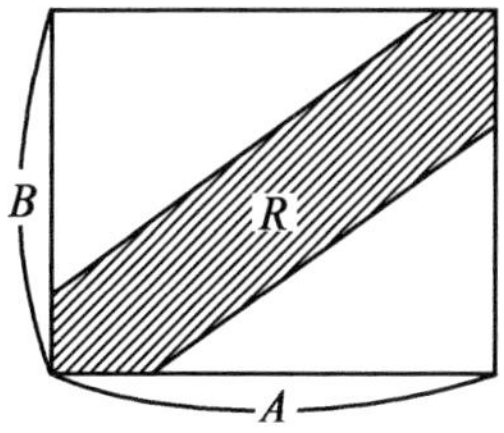

图6

现在,当 $R\subset A\times B$ 时,置

$$R'=\{(b,a)\mid(a,b)\in R\}\quad(\subset B\times A)$$

此外,当 $R_1\subset A\times B,R_2\subset B\times C$ 时,置

$$R_1\circ R_2=\{(a,c)\mid\exists b\in B,(a,b)\in R_1\text{ 且}(b,c)\in R_2\}\subset A\times C$$

其次,当 $A=B$ 时,以

$$\Delta_A=\{(a,a)\mid a\in A\}\quad(\subset A\times A)$$

表示对角线集合.

4.1[*] 所谓在集合 X 上定义了等价关系"$\sim$",意指 X 与 X 之间的关系有下面条件成立:

(1)反射律:对于所有的 $a\in X$,有 $a\sim a$;

(2)对称律:$a\sim b\Rightarrow b\sim a$;

(3)推移律:$a\sim b\wedge b\sim c\Rightarrow a\sim c$.

如果 X 与 X 之间依照 $X\times X$ 的子集合 R 来规定等价关系"$\sim$",那么可推出 R 有如下的性质:$\Delta_X\subset R$, $R=R'$, $R\circ R\subset R$(图 7).

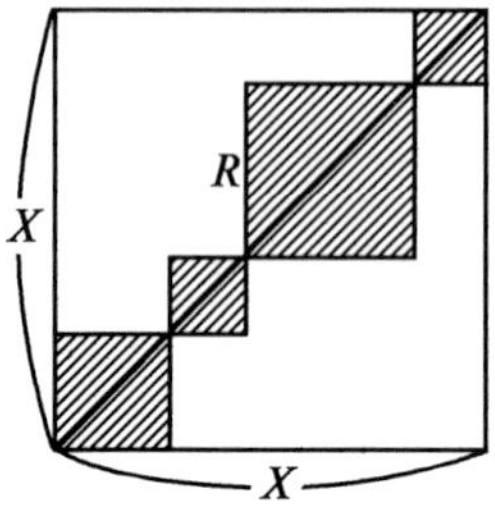

图 7

4.2[*] 所谓集合 X 的分割(partition),意指集合族$\mathfrak{A}\subset\mathfrak{P}(X)$满足下列条件:

(1)$A,B\in\mathfrak{A}\Rightarrow A=B\ \vee\ A\cap B=\varnothing$;

(2)$\bigcup\limits_{A\in\mathfrak{A}}A=X$.

4.3 当集合 X 的分割$\mathfrak{A}$为已给的时候,如果

$$a\sim b\Leftrightarrow a \text{ 与 } b \text{ 属于同一集合 } A(\in\mathfrak{A})$$

则 X 得到了等价关系. 反之,任意等价关系,可确定出 X 的分割.

证明 定理的前半段,对于 4.1[①] 的(1),(2),(3)条件,不言而喻是满足的. 只要证明定理的后半

① 此处仅指本章内的序号,全书同.

段. 每一个 $a\in X$,置 $A_a=\{b\mid a\sim b\}$ 及 $a\in A_a$,则有

$$A_a=A_b\Leftrightarrow a\sim b;A_a\cap A_b=\varnothing\Leftrightarrow a\times b$$

由此可见,$\mathfrak{A}=\{A_a\mid a\in X\}$ 就是由等价关系“~”定出的分割. 证毕.

我们把对应于等价关系“~”的 X 分割 $\mathfrak{A}$ 也看作一集合,并称这个集合是由 X 按照“~”而得到的商集合(quotient set),表示为

$$\mathfrak{A}=X/\sim$$

对于任意一 $x\in X$,$f:x\to A_x\in\mathfrak{A}$ 是从 X 到 $\mathfrak{A}$ 上的映射,称这个映射为完全正规映射.

现在来讨论如下的另外一种关系:

4.4[*] 所谓在集合 X 上定出了的次序关系“≤”,意思就是说,X 与 X 之间的关系满足下列条件:

(1)对所有的 $a\in X$,有 $a\leqslant a$;

(2)$a\leqslant b\wedge b\leqslant a\Rightarrow a=b$;

(3)$a\leqslant b\wedge b\leqslant c\Rightarrow a=c$.

如果从 $X\times X$ 的子集合 R 定出“≤”,则有 $\Delta_X\subset R$,$R\cap R'=\Delta_X$,$R\circ R\subset R$(图8).

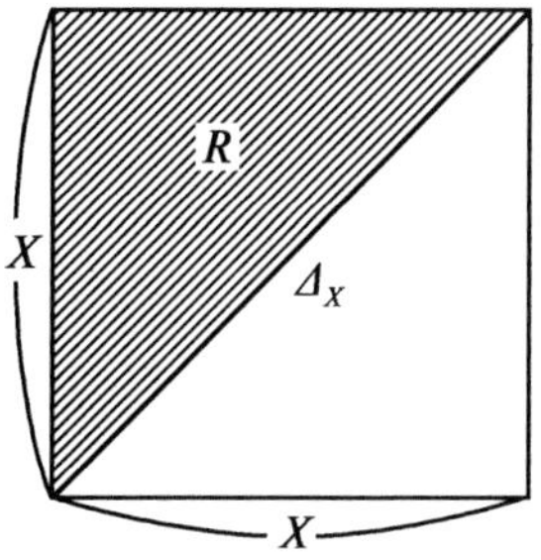

图8

如果集合 X 有次序关系“≤”,则称该集合为有序集合(ordered set),记为$(X,\leqslant)$.

例 1 正整数全体 $\mathbf{N}^*$,整数全体 $\mathbf{Z}$,实数全体 $\mathbf{R}$ 等是以大小关系成有序集合.

例 2 在$\mathfrak{P}(X)$中,若 $A\leqslant B\Leftrightarrow A\subset B$,则$\mathfrak{P}(X)$是有序集合.

例 3 设 X 为有序集合,Y 为任意集合,如果 f, $g\in X^Y$,$f\leqslant g\Leftrightarrow$所有的 $y\in Y$ 有 $f(y)\leqslant g(y)$,则 X^Y 也是一有序集合.

4.5* 设有序集合$(X,\leqslant)$. 如果 X 中有一个元素 a_0,对所有的 $a\in X$,都有 $a\leqslant a_0$,则称 a_0 为 X 的最大元素. 如果对所有的 $a\in X$,都有 $a_0\leqslant a$,则称 a_0 为 X 的最小元素.

设有一个 $b_0\in X$,如对于任一 $a\in X(a\neq b_0)$,不可能有 $b_0\leqslant a$,则称 b_0 为 X 的一个极大元素. 反之,对任一 $a\in X(a\neq b_0)$,如不可能有 $a\leqslant b_0$,则称 b_0 为 X 的一个极小元素.

如 X 有最大元素(或最小元素),则只能有一个. 可是 X 的极大元素(或极小元素)存在的时候,可以不止一个而有许多个.

设 A 为有序集合$(X,\leqslant)$的子集合,当 $A\leqslant x$(即对所有的 $a\in A$,皆有 $a\leqslant x$)时,称 x 为 A 的一个上界. 当 $x\leqslant A$ 时,则称 x 为 A 的一个下界.

设 A 至少有一个上界(下界),并且在 A 的所有上界(下界)构成的集合中,如果存在着最小元素(最大元素)a_0,则称 a_0 为 A 的上确界(下确界),记为

$$a_0=\sup A \quad (a_0=\inf A)$$

4.6* 如果有序集合$(X,\leqslant)$满足条件:对任意 $a,b\in X$,$a\leqslant b$ 或 $b\leqslant a$ 中至少有一种情形成立,这时称$(X,\leqslant)$为线性有序集合(linearly ordered set)(如果按照 $R\subset X\times X$ 而规定"$\leqslant$",则由上述条件就得出 $X\times$

$X=R\cup R'$).

例如,上面的例1是线性有序集合,但例2、例3则不是了.

4.7* 有序集合$(X,\leqslant)$称为归纳的(inductive),意指:如A为X的任一线性有序子集合(对X上的次序而言),则在X中必有$\sup A(\in X)$.

例4 设有集合X,而$\mathfrak{F}\in\mathfrak{P}(X)$是一个深透(filter),所谓深透就是$\mathfrak{F}$满足下列三个条件:

(1)$F_1,F_2\in\mathfrak{F}\Rightarrow F_1\cap F_2\in\mathfrak{F}$;

(2)$F_1\in\mathfrak{F},F_1\subset F_2\Rightarrow F_2\in\mathfrak{F}$;

(3)$\varnothing\notin\mathfrak{F}$.

现置$F=\{\mathfrak{F}|\mathfrak{F}\in\mathfrak{P}(X),\mathfrak{F}$是深透$\}$,即$F$是所有深透的全体所构成的集合.如果

$$\mathfrak{F}_1\leqslant\mathfrak{F}_2\Leftrightarrow\mathfrak{F}_1\subset\mathfrak{F}_2$$

那么F是一个归纳的有序集合.

证明 设$A(\subset F)$是线性有序集合,那么$\mathfrak{F}_0=\bigcup\limits_{\mathfrak{F}\in A}\mathfrak{F}$也是一深透,显然$\mathfrak{F}_0=\sup A$.证毕.

4.8* 在代数系中有一种所谓格(lattice)的次序关系.设L为有序集合,并且满足下列条件:

(1)对任意的$x,y\in L$,存在着$z=\sup\{x,y\}$.换句话说,(a)$z\geqslant x,z\geqslant y$;(b)对任意的$z'$,若$z'\geqslant x,z'\geqslant y$,则$z'\geqslant z$.

(2)对任意的$x,y\in L$,存在着$w=\inf\{x,y\}$.换句话说,(a)$w\leqslant x,w\leqslant y$;(b)对任意的$w'$,若$w'\leqslant x,w'\leqslant y$,则$w'\leqslant w$.

这时,称L为格,记为

$$z=x\cup y,w=x\cap y$$

称z为x与y的并(join),w为x与y的交(meet).

例 5 实数集合 **R**,置

$$a\cup b=\max\{a,b\},a\cap b=\min\{a,b\}$$

则 **R** 就是格.

例 6 $\mathfrak{P}(X)$ 是一个格,集合的运算 $A\cap B,A\cup B$ $(A,B\in\mathfrak{P}(X))$ 看作是格的运算.

例 7 设 $F=R^X$(X 为任意集合),$f,g\in F$,置

$$f\leqslant g\Leftrightarrow \text{所有的 } x\in X, f(x)\leqslant g(x)$$

并且

$$(f\cup g)(x)=\max\{f(x),g(x)\}$$
$$(f\cap g)(x)=\min\{f(x),g(x)\}$$

(图 9),那么,F 就是格.

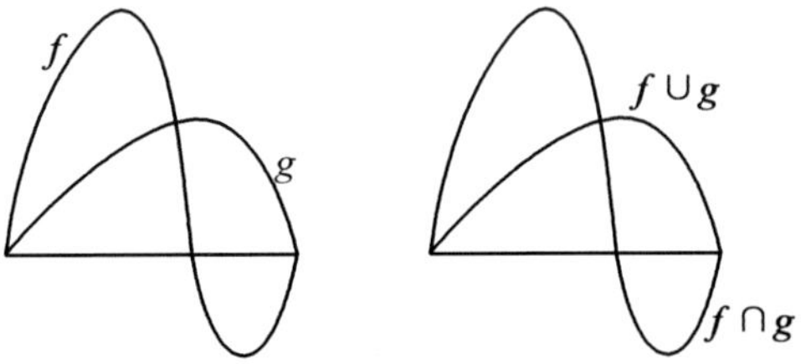

图 9

§5 佐恩[①]公理

以上虽然从朴素的立场叙述了集合论的一部分内容,但是为了更进一步展开理论,就必须有下面的一些公理.

在这些公理中,首先有所谓康托[②]"整列可能的公

① 佐恩(Zorn,1906—1993).——编者注

② 康托(G. Cantor,1845—1918),德国数学家、集合论的创始人.——编者注

理”,意思就是说:“对于任一集合 X,可以定出适当的次序关系,使任意子集合 $A(\subset X)$ 皆有最小元素”. 其次就是策梅罗①的“选择公理”,那就是说:“设有集合族 $\mathfrak{A}=\{A_\lambda \mid \lambda\in\Lambda\}$,而 $A_\lambda\neq\varnothing$,则 $A=\prod\limits_{\lambda}A_\lambda\neq\varnothing$”. 选择公理是与整列公理等价的. 佐恩做出了与这些公理等价的下述命题,这个命题在实际上容易应用,称为佐恩公理.

5.1 佐恩公理 如有序集合 $(X,\leqslant)$ 是归纳的,则至少必有一个极大元素.

例 8 设 $\mathfrak{F}_0$ 为集合 X 上的一个深透,则至少有一个包含 $\mathfrak{F}_0$ 的极大元素存在.

证明 考虑包含 $\mathfrak{F}_0$ 的所有深透的全体 F_0,由本章中例 4 知,F_0 是归纳的. 因此,按照佐恩公理知,F_0 有极大元素存在. 证毕.

例 9 让我们来证明在任一向量空间 V 中必有基底存在. 所谓 $\{\boldsymbol{X}_\lambda \mid \boldsymbol{\lambda}\in\Lambda\}(\subset V)$ 是 V 的基底,意指:

(1) 任意有限个 $\boldsymbol{x}_{\lambda_1},\cdots,\boldsymbol{x}_{\lambda_n}$ 线性无关;

(2) 对任意 $\boldsymbol{y}\in V$,可以适当选取有限个 $\boldsymbol{x}_{\lambda_1},\cdots,\boldsymbol{x}_{\lambda_k}$,使得

$$\boldsymbol{y}=\sum_{i=1}^{k}a_i\boldsymbol{x}_{\lambda_i}\quad(a_i\ 为实数)$$

首先,设 V 的任意子集合 $U=\{\boldsymbol{u}_\mu \mid \boldsymbol{\mu}\in u\}$,在其中,任意有限个 $\boldsymbol{u}_{\mu_1},\cdots,\boldsymbol{u}_{\mu_n}$ 为线性无关,用 $\mathfrak{A}$ 表示所有

---

① 策梅罗(Zermelo,1871—1953),德国数学家. 1894 年在柏林大学获博士学位. 1906 年成为教授. 1904 年得出了著名的“策梅罗定理”. 为证此定理,他引用了一个特殊公理——选择公理. ——编者注

这样的 U 的全体. 当 $U_1, U_2 \in \mathfrak{A}$,而 $U_1 \subset U_2$ 时,定义 $U_1 \leqslant U_2$,则$\mathfrak{A}$显然是归纳的有序集合. 按照佐恩公理,$\mathfrak{A}$有极大元素 $U_0 = \{\boldsymbol{u}_\mu\}$存在. 容易验证,$U_0$ 就是 V 的一个基底.

拓扑空间

第 3 章

第 2 章仅就一般的集合做了叙述，本章将讨论定义了拓扑的集合. 拓扑理论是康托为在欧几里得(Euclid)空间的集合(即点集合)而创立的. 现在应用拓扑理论的大致有：

(1)应用于与欧几里得空间点集合性质有关的场合，如微积分(参见高木贞治著《解析概论》第 1 章)及函数论中所应用的.

(2)应用于与函数空间关联在一起的场合，如希尔伯特(Hilbert)空间论及广义函数论方面.

(3)应用于黎曼(Riemann)面、李(Lie)群及一般以几何为对象的流形体方面.

其中，(1)是最直观的，因而在理解上不会产生困难；(2)主要使用距离空间的理论，所以一般不需要更细致的理论；(3)最特殊的对象. 虽然拓扑理论的应用方面不同，但内容上并没有什么变化，因此可把它总括起来作为拓扑空间理论来进行论述. 读者可随时联系最直观并最容易理解的欧几里得空间图形来理解. 这一理论是过渡到另一些理论的阶梯,所以定义很多,而相对来看,结论较少. 假若在集合论的基础上,进而对抽象的拓扑概念的研究能引起兴趣,那就很好. 本书因篇幅限制,有些地方不能做详细的证明,希望读者在阅读时对这些地方加以补足.

§1 欧几里得空间

在欧几里得空间 E^n 中,作正交坐标系,使点 $P \in E^n$ 与坐标 $(x_1, x_2, \cdots, x_n)$ 对应. 于是,集合 E^n 与

$$\mathbf{R}^n = \mathbf{R} \times \mathbf{R} \times \cdots \times \mathbf{R} \quad (n \text{ 个})$$

等价. 这里,$\mathbf{R}$ 是实数集合. 既然 E^n 与 $\mathbf{R}^n$ 等价,故可把它们等量齐观. $\mathbf{R}^n$ 中的点用

$$x = (x_1, x_2, \cdots, x_n), y = (y_1, y_2, \cdots, y_n)$$

等来表示. $\mathbf{R}^n$ 中任意两点 x, y 的距离 $\rho(x, y)$ 定义为

$$\rho(x, y) = [(x_1 - y_1)^2 + \cdots + (x_n - y_n)^2]^{\frac{1}{2}}$$

显然,$\rho(x, y)$ 具有下面的性质:

(1) 对于任意 x, y,有 $\rho(x, y) \geqslant 0$, $\rho(x, y) = 0 \Leftrightarrow x = y$;

(2) $\rho(x, y) = \rho(y, x)$;

(3) $\rho(x, y) + \rho(y, z) \geqslant \rho(x, z)$(三角不等式).

在欧几里得空间中,许多性质都可由这个距离函数 $\rho(x, y)$ 引出来. 在这里,我们给出一般定义如下:

1.1[*] 设有一集合 X,如果在其中定义了一个距离函数 $\rho(x, y)$(即映射 $\rho(x, y): X \times X \to \mathbf{R}$),满足上面所述性质(1),(2),(3),则称 X 为距离空间,记为

$$(X,\rho)$$

例1 在实数 $\mathbf{R}$ 中,置

$$\rho_1(a,b)=|a-b| \quad (a,b\in\mathbf{R})$$

那么$(\mathbf{R},\rho_1)$是距离空间.

例2 n 维欧几里得空间(E^n,ρ_n)是距离空间.

例3 设 A 为距离空间(X,ρ)的子集合,如果置 $\rho_A=\rho|A\times A$(即对 $a,b\in A$,有 $\rho_A(a,b)=\rho(a,b)$),那么(A,ρ_A)也是距离空间.

例4 设(X,ρ_X),(Y,ρ_Y)都是距离空间,$Z=X\times Y$,如果置

$$\rho((x_1,y_1),(x_2,y_2))=[\rho_X(x_1,x_2)^2+\rho_Y(y_1,y_2)^2]^{\frac{1}{2}}$$

则(Z,ρ)也是距离空间.

例5 设(X,ρ_X)为距离空间,Y 为任意集合,对于 $f,g\in X^Y(Z=X^Y)$,置

$$\rho(f,g)=\sup\{\rho_X(f(y),g(y))\mid y\in Y\}$$

那么,(Z,ρ)也是距离空间.

例6 (希尔伯特空间)设

$$X=\{x=(x_1,x_2,\cdots,x_n,\cdots)\mid x_n\in\mathbf{R},\ \sum_{n=1}^{\infty}x_n^2<+\infty\}$$

对于

$$x=(x_1,x_2,\cdots,x_n),y=(y_1,y_2,\cdots,y_n)\in X$$

定义它的距离为

$$\rho_2(x,y)=\{\sum_{n=1}^{\infty}(x_n-y_n)^2\}^{\frac{1}{2}}$$

那么,(X,ρ_2)是距离空间,用 $l^{(2)}=(X,\rho_2)$表示. 以后可以看到,$l^{(2)}$是一个(可分的)希尔伯特空间.

例7 任意集合 X,如果置

$$\rho(x,x)=0,\rho(x,y)=1 \quad (x\neq y)$$

则(X,ρ)也是距离空间.

其他距离空间的例子,参看本书的第4章.

在距离空间中,可以定义收敛、极限、连续等概念. 定义这些概念虽然有各种各样的方法,但本书采用以邻域及开集概念作为基础的方法.

1.2[*] 在距离空间(X,ρ)中,对于$x\in X,\varepsilon>0$,置

$$V(x,\varepsilon)=\{y\mid y\in X,\rho(x,y)<\varepsilon\}$$

那么,$V(x,\varepsilon)$为X的子集合,我们称它为x的ε邻域(neighborhood). x的ε邻域的全体用$\mathfrak{P}(x)=\{V(x,\varepsilon)\mid\varepsilon>0\}$表示.

$\mathfrak{P}(x)$具有下列性质:

(1) $x\in X,V\in\mathfrak{P}(x)\Rightarrow x\in V$;

(2) 设$V_1,V_2\in\mathfrak{P}(x)$,可适当选取$V_3\in\mathfrak{P}(x)$,使得$V_3\subset(V_1\cap V_2)$;

(3) 设$V\in\mathfrak{P}(x),y\in V$,则存在着$V_y\in\mathfrak{P}(y)$,使得$V_y\subset V$.

证明 (1)不言而喻.

(2) 设$V_1=V(x,\varepsilon_1),V_2=V(x,\varepsilon_2)$,只要取$V_3=V(x,\min\{\varepsilon_1,\varepsilon_2\})$,就有$V_3\subset(V_1\cap V_2)$.

(3) 设$V=V(x,\varepsilon),\rho(x,y)=\varepsilon_1<\varepsilon$,而$V_y=V(y,\varepsilon-\varepsilon_1)$就是所求的. 证毕.

1.3[*] 设(X,ρ)为距离空间,所谓$U(\subset X)$是$x(\in X)$的邻域,意指:存在一个$\varepsilon>0$,使得

$$x\in V(x,\varepsilon)\subset U$$

(参见图1). x的邻域U的全体记为$\mathfrak{U}(x)$,$\mathfrak{U}(x)$具有如下的性质:

(1) 设$x\in X,U\in\mathfrak{U}(x)$,则$x\in U$;

(2) 若$U_1\in\mathfrak{U}(x),U_1\subset U_2$,则$U_2\in\mathfrak{U}(x)$;

(3)若 $U_1, U_2 \in \mathfrak{U}(x)$,则$(U_1 \cap U_2) \in \mathfrak{U}(x)$;

(4)对于 $U \in \mathfrak{U}(x)$,可取 $V \in \mathfrak{U}(x)$,$V \subset U$,使对所有的 $y \in V$ 皆有 $U \in \mathfrak{U}(y)$.

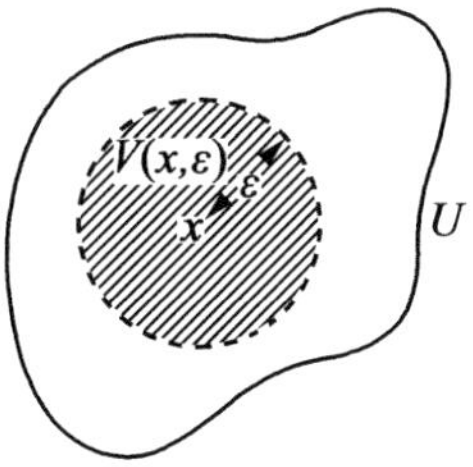

图1

证明　从满足 1.2* 给出的三个性质的$\mathfrak{P}(x) = \{V(x,\varepsilon) \mid \varepsilon > 0\}$可导出此处的四个性质. 例如证明性质(4),只要取 $V = V(x,\varepsilon)$,$x \in V \subset U$,并参照 1.2* 中的第三个性质就可以了. 证毕.

以上,从欧几里得空间出发定义了距离空间,从而导出了邻域系的性质. 更进一步,就是根据邻域系的性质来研究拓扑的性质. 虽然有几个概念都可以作为叙述拓扑性质的基础,但在这里先从邻域系方面着手.

§2　拓扑空间

2.1*　在集合 X 中,如果对于每一个 x,定义了一个集合族$\mathfrak{U}(x)(\neq \varnothing)$,并且满足 1.3* 的(1),(2),(3),(4)诸条件,则称$\mathfrak{U} = \{\mathfrak{U}(x) \mid x \in X\}$为邻域系,而称$U \in \mathfrak{U}(x)$为 x 的邻域. 当我们把 X 与$\mathfrak{U}$合并考虑的时候,称它为拓扑空间(topological space),记为

$$(X,\mathfrak{U})$$

或称为由$\mathfrak{U}$规定的 X 的拓扑. 如果 $x\in X$,则称 x 为 X 的点.

例 8 设(X,ρ)为距离空间,又设$\mathfrak{U}_\rho(x)$为依照 1.3* 定义的邻域系,则$(X,\mathfrak{U}_\rho)$为拓扑空间.

例 9 对于集合 X,若置$\mathfrak{U}(x)=\{U\mid x\in U\subset X\}$,则 X 是拓扑空间,本例题与 §1 的例 7 互相对应.

例 10 对于集合 X,若置$\mathfrak{U}(x)=\{X\}$,则它是拓扑空间.

2.2* 设$(X,\mathfrak{U})$是拓扑空间,对于任意子集合 $E(\subset X)$,有:

(1)若 E 为 x 的邻域,则称 x 为 E 的内点.

(2)若 $E^c=X\setminus E$ 为 x 的邻域,则称 x 为 E 的外点.

(3)如 x 既不是 E 的内点,也不是 E 的外点(即 x 的任一邻域与 E 及 E^c 都相交),则称 x 为 E 的界点(图 2).

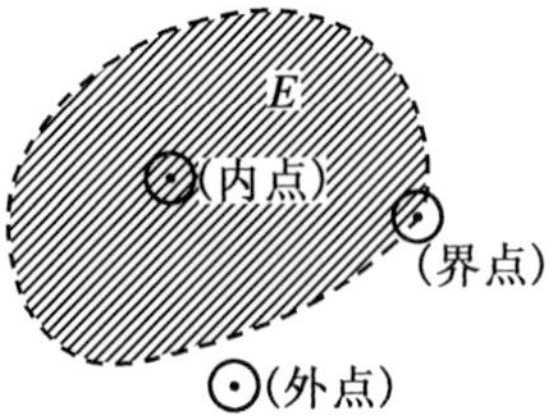

图 2

E 的内点的全体称为 E 的内部(或称开核),用 E^i 或 E°表示.

E 的外点的全体称为 E 的外部,用 E^e 表示.

E 的界点的全体称为 E 的边界(boundary),用 E^r 表示.

$\overline{E}=E^\circ\cup E^r$ 称为 E 的闭包(closure).

由上面定义，立即得出

$$E^{\circ}\subset E\subset \overline{E},E^{e}=(E^{c})^{\circ},E^{r}=(E^{c})^{r}$$

2.3*　当 $E=E^{\circ}$，即任意的 $x\in E\Rightarrow E\in\mathfrak{U}(x)$ 时，称 E 为开集(open set).

设

$$\mathfrak{O}(X)$$

为拓扑空间 $(X,\mathfrak{U})$ 的所有开集 $O(\subset X)$ 的全体，那么有下列性质：

(1) $X\in\mathfrak{O}(X),\varnothing\in\mathfrak{O}(X)$；

(2) $O_1,O_2\in\mathfrak{O}(X)\Rightarrow O_1\cap O_2\in\mathfrak{O}(X)$；

(3) $O_{\lambda}\in\mathfrak{O}(X)(\lambda\in\Lambda)\Rightarrow\bigcup\limits_{\lambda\in\Lambda}O_{\lambda}\in\mathfrak{O}(X)$（这里 Λ 可以具有任意基数).

证明　(1)显然是正确的，至于(2)，(3)，分别可由1.3*中的性质(3)及(2)导出来. 证毕.

2.4　对于任意 X 的子集合 E，E°是 E 中($E^{\circ}\subset E$)最大的开集.

证明　(1)设 $x\in E^{\circ}$，$E=U(\in\mathfrak{U}(x))$，取满足1.3*中性质(4)的 V. 因为对所有的 $y\in V$，皆有

$$U\in\mathfrak{U}(y)$$

由此可见，$U\in\mathfrak{U}(y)$，所以 $V\subset E^{\circ}$，也就是说 E°是开集.

(2)现在设 $O\in\mathfrak{O}(X)$ 及 $O\subset E$，对于 $x\in O$ 就有 $O\in\mathfrak{U}(x)$，所以 $E\in\mathfrak{U}(x)$. 由此可见，$O\subset E^{\circ}$. 证毕.

2.5*　当 $E=\overline{E}$ 时，称 E 为闭集(closed set). $E=\overline{E}$ 这一条件与

$$E=E^{\circ}\cup E^{r}\Leftrightarrow E^{c}=E^{e}\Leftrightarrow E^{c}=(E^{c})^{\circ}$$

等价，亦即与 E^{c} 为开集等价.

拓扑空间 $(X,\mathfrak{U})$ 的所有闭集 $A(\subset X)$ 的全体，用

$$\mathfrak{A}(X)$$

来表示，它具有下面的性质：

(1) $X \in \mathfrak{A}(X)$，$\varnothing \in \mathfrak{A}(X)$；

(2) $A_1, A_2 \in \mathfrak{A}(X) \Rightarrow A_1 \cup A_2 \in \mathfrak{A}(X)$；

(3) $A_\lambda \in \mathfrak{A}(X)\ (\lambda \in \Lambda) \Rightarrow \bigcap_{\lambda \in \Lambda} A_\lambda \in \mathfrak{A}(X)$.

证明 设 $A \in \mathfrak{A}(X)$，则 $A^c = O \in \mathfrak{O}(X)$. 因此(1)，(2)，(3)可由 2.3* 中三条性质导出来. 证毕.

2.6 对于任意 X 的子集 E，$\overline{E}$ 是含有 $E\,(E \subset \overline{E})$ 的最小闭集.

证明 (1)从 $E^e = (E^c)^\circ$ 是开集，得出 $\overline{E} = (E^e)^c$ 为闭集.

(2)设 $E \subset A$，$A \in \mathfrak{A}(X) \Rightarrow E^c \supset A^c$，$A^c \in \mathfrak{O}(X)$，由此 $A^c \subset (E^c)^\circ = E^e$，所以，$A \supset (E^e)^c = \overline{E}$. 证毕.

注 对于 $A, B \subset X$，有：

(1) $\overline{\varnothing} = \varnothing$；

(2) $(\overline{A \cup B}) = \overline{A} \cup \overline{B}$；

(3) $A \subset \overline{A}$；

(4) $\overline{\overline{A}} = \overline{A}$.

2.7* 所谓点 x 是 $E(\subset X)$ 的聚点(或集积点)，意指：x 的任一邻域至少含有 E 中除 x 本身外的一个点. E 的聚点全体所组成的集合，称为 E 的导集，用 E^d 表示.

注 $\overline{E} = E \cup E^d$.

2.8* 设 $x \in E(\subset X)$，如果存在一个 $U \in \mathfrak{U}(x)$，使得

$$E \cap U = \{x\}$$

则称 x 为 E 的孤立点(图 3).

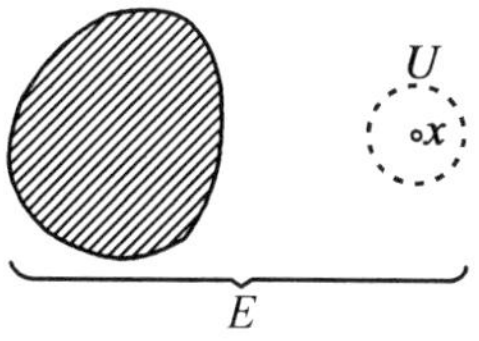

图3

所谓 E 为完全集，是指：E 是闭集合，而且 E 中没有孤立点.

注　E 是完全集的必要且充分条件为 $E=E^d$.

2.9*　如果 $\overline{E}=X$，则称 $E(\subset X)$ 为处处稠密集合.

如果 $(\overline{E})^\circ=\varnothing$，则称 $E(\subset X)$ 为疏集合.

注　设 E_1,E_2 是疏集合，那么 $E_1\cup E_2$ 亦是疏集合（证明留给读者）.

例11　设 $X=\mathbf{R}$，$\mathbf{Q}$ 为有理数集合，则 $\mathbf{Q}$ 为处处稠密集合.

例12　设 $X=\mathbf{R}$，则康托集合 C 不但完全而且是疏集合. 这里所谓康托集 C，是指

$$C_1=[0,\frac{1}{3}]\cup[\frac{2}{3},1]$$

$$C_2=[0,\frac{1}{9}]\cup[\frac{2}{9},\frac{1}{3}]\cup[\frac{2}{3},\frac{7}{9}]\cup[\frac{8}{9},1]$$

$C_n=\bigcup_i[\frac{i}{3^n},\frac{i+1}{3^n}]$　（在这里，i 跑遍 $\varepsilon_0 2+\varepsilon_1(2\times 3)+\cdots+\varepsilon_{n-1}(2\times 3^{n-1})$（$\varepsilon_i=0$ 或 1）的全体）

$$\vdots$$

置
$$C=\bigcap_{n=1}^{\infty}C_n$$

这就是康托集合(图 4).

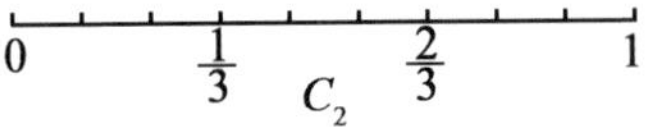

图 4

设 E 为 X 的子集合,如果 E 可表示为充其量可数个疏集合之和,那么称 E 为第一类集合(或称第一纲,set of the first category). 不是第一类集合的集合称为第二类集合(或称第二纲).

2.10* 所谓拓扑空间$(X,\mathfrak{U})$是贝尔(Baire)空间,是指:如果任一集合 $E\subset X$ 是第一类集合,则$\overline{E^c}=X$(即 E^c 在 X 中处处稠密).

注 下面(1),(2),(3)的每一项都是$(X,\mathfrak{U})$为贝尔空间的充要条件:

(1)不空的开集合是第二类集合.

(2)设 $F_1,F_2,\cdots$为 X 的闭集合,若 $\bigcup\limits_{n=1}^{\infty}F_n$ 有内点,则至少有一个 F_n 存在着内点.

(3)可数个处处稠密的开集合之交亦是处处稠密集合.

接下来,让我们来说明一下下面的可数公理:

2.11* 设$(X,\mathfrak{U})$为拓扑空间. 如果对于任意点 $x(\in X)$存在着 $U_n(x)(n=1,2,\cdots)(\in\mathfrak{U}(x))$,使得任意一个 $U(x)\in\mathfrak{U}(x)$都含有某一个 $U_n(x)$,我们就说$(X,\mathfrak{U})$满足第一可数公理. 而$\{U_n(x)\}$称为$\mathfrak{U}(x)$的可数基底.

例如,在距离空间(X,ρ)所确定的拓扑空间,$\left\{V\left(x,\dfrac{1}{n}\right)\middle|\, n=1,2,\cdots\right\}$就是$\mathfrak{U}(x)$的可数基底.

2.12* 设$(X,\mathfrak{U})$为拓扑空间. 如果存在着可数个开集合$\{O_1,O_2,\cdots,O_n,\cdots\}=B(\mathfrak{O})$,对于任意的$O\in\mathfrak{O}$可表示为包含于$O$的$O_n\in B(\mathfrak{O})$的交集,则称$(X,\mathfrak{U})$为满足第二可数公理. 这时
$$B(\mathfrak{O})=\{O_1,O_2,\cdots\}$$
也称为$\mathfrak{O}(X)$的可数基底.

2.13* 在$(X,\mathfrak{U})$拓扑空间中,设$\{E_\lambda|\lambda\in\Lambda\}$为$X$的子集合族,如果$X=\bigcup_{\lambda\in\Lambda}E_\lambda$,就称这个集合族为$X$的覆盖(covering). 特别地,当所有$E_\lambda$为开集合时,称$\{E_\lambda\}$为开覆盖.

2.14 设拓扑空间$(X,\mathfrak{U})$满足第二可数公理,则对于任意X的开覆盖$\{O_\lambda|\lambda\in\Lambda\}$,存在着可数子覆盖$\{O_{\lambda_n}|n=1,2,\cdots\}$.

证明 设$B(\mathfrak{O})=\{O_n|n=1,2,\cdots\}$为$\mathfrak{O}(X)$的可数基底,对于每一个$O_n$,如果在包含它的$O_\lambda$中选取其中一个$O_{\lambda_n}$,则$\{O_{\lambda_n}\}$的全体就成为$X$的可数子覆盖. 证毕.

§3 连续映射

3.1 前面已证明,在拓扑空间$(X,\mathfrak{U})$中,X的开集$O(\subset X)$的全体$\mathfrak{O}(X)$,满足2.3*的条件(1),(2),(3). 现在反过来,在集合X中先给出一个集合族$\mathfrak{O}(X)(\subset\mathfrak{P}(X))$,并且让它满足2.3*的诸条件,这时,对于$x\in X$,满足
$$x\in O\subset U\quad(O\in\mathfrak{O}(X))$$
的所有$U(\subset X)$的全体用$\mathfrak{U}(x)$来表示. 不难看出,

$\mathfrak{U}(x)$满足 1.3* 的四个条件，而且关于这个邻域系导出来的开集合全体，容易验证是与一开始给出的$\mathfrak{O}(X)$完全一致的.

由上可知，X 的拓扑由于给出了$\mathfrak{O}(X)$而被规定. 在这样的意义下，可以把拓扑空间$(X,\mathfrak{U})$改写成

$$(X,\mathfrak{O}(X))$$

的形式.

3.2* 在两个拓扑空间$(X,\mathfrak{U})$，$(Y,\mathfrak{U}')$中，所谓映射$f:X\to Y$在点$x\in X$处连续，意指

$$f^{-1}(\mathfrak{U}(f(x)))\subset\mathfrak{U}(x)$$

即对于任意$U'\in\mathfrak{U}(f(x))$，都有$f^{-1}(U')\in\mathfrak{U}(x)$.

注 对于距离空间(X,ρ)，(Y,ρ')所决定的拓扑空间$(X,\mathfrak{U}_\rho)$，$(Y,\mathfrak{U}'_{\rho'})$，映射$f:X\to Y$在点$x$处连续的充要条件为：对于任意$\varepsilon>0$，可选取某一个$\delta>0$，使得$V_{\rho'}(f(x),\varepsilon)\supset f(V_\rho(x,\delta))$.

如映射$f:X\to Y$在X中每一点x处都连续，那么简称f为连续.

3.3 在拓扑空间$(X,\mathfrak{O}(X))$，$(Y,\mathfrak{O}(Y))$中，映射$f:X\to Y$是连续的充要条件为

$$f^{-1}(\mathfrak{O}(Y))\subset\mathfrak{O}(X)$$

证明 设f为连续映射. 又设

$$O'\in\mathfrak{O}(Y),\ f^{-1}(O')=O$$

则对于任一个$x\in O$，就有

$$f(x)\in O',f^{-1}(O')=O\in\mathfrak{U}(x)$$

由此$O\in\mathfrak{O}(X)$. 反之，设$f^{-1}(\mathfrak{O}(Y))\subset\mathfrak{O}(X)$. 设对任一点$x\in X$，而$U'\in\mathfrak{U}(f(x))$，则取满足$f(x)\in O'\subset U'$这样条件的$O'\in\mathfrak{O}(Y)$，那么由于

$$x\in f^{-1}(O')\subset f^{-1}(U'),f^{-1}(O')\in\mathfrak{O}(X)$$

可得

$$f^{-1}(U') \in \mathfrak{U}(x)$$

因此,f 在点 x 处为连续. 证毕.

注 $f:X\to Y$ 连续的充要条件为

$$f^{-1}(\mathfrak{A}(Y)) \subset \mathfrak{A}(X)$$

(证明留给读者).

3.4 即使映射 $f: X\to Y$ 为连续,也不一定有 $f(\mathfrak{O}(X))\subset\mathfrak{O}(Y)$ 或 $f(\mathfrak{A}(X))\subset\mathfrak{A}(Y)$. 当 $f(\mathfrak{O}(X))\subset\mathfrak{O}(Y)$ 时,称 f 为开映射;当 $f(\mathfrak{A}(X))\subset\mathfrak{A}(Y)$ 时,则称为闭映射.

3.5 在拓扑空间

$$(X,\mathfrak{O}(X)),(Y,\mathfrak{O}(Y)),(Z,\mathfrak{O}(Z))$$

中,设映射 $f:X\to Y$ 及 $g:Y\to Z$ 都连续,则

$$g\circ f:X\to Z$$

也连续.

证明 设

$$f^{-1}(\mathfrak{O}(Y))\subset\mathfrak{O}(X),g^{-1}(\mathfrak{O}(Z))\subset\mathfrak{O}(Y)$$

从而有

$$(g\circ f)^{-1}(\mathfrak{O}(Z))\subset f^{-1}(\mathfrak{O}(Y))\subset\mathfrak{O}(X)$$

证毕.

3.6* 在两个拓扑空间 $(X,\mathfrak{O}(X))$,$(Y,\mathfrak{O}(Y))$ 中,如果存在一个完全一一对应的映射 $f:X\to Y$,而 f,f^{-1} 都连续,则称 $(X,\mathfrak{O}(X))$ 与 $(Y,\mathfrak{O}(Y))$ 为同胚(homeomorphic),而称 f 为同胚映射.

完全一一对应的映射 $f:X\to Y$ 是同胚映射的充要条件为

$$f(\mathfrak{O}(x))=\mathfrak{O}(Y)\quad(f^{-1}(\mathfrak{O}(Y))=\mathfrak{O}(X))$$

(充要条件也可写成:对于所有的 $x\in X$,都有 $f(\mathfrak{U}(x))=\mathfrak{U}(f(x))$,或者,对于所有的 $y\in Y$,都有 $f^{-1}(\mathfrak{U}(y))=\mathfrak{U}(f^{-1}(y))$).

以拓扑空间的理论与代数学上的群的理论做一对比,就可看到如下的对照:

拓扑空间↔群,连续映射↔准同构映射,同胚↔同构.

3.7 设在同一集合 X 中,有由两个拓扑定义出的拓扑空间 $(X,\mathfrak{O})$ 和 $(X,\mathfrak{O}')$. 当恒等映射
$$I_X:(X,\mathfrak{O})\to(X,\mathfrak{O}')$$
为连续时,就称 $(X,\mathfrak{O})$ 的拓扑比 $(X,\mathfrak{O}')$ 的拓扑强(或者相反地说,$(X,\mathfrak{O}')$ 的拓扑比 $(X,\mathfrak{O})$ 的拓扑弱). 不难看出,$(X,\mathfrak{O})$ 比 $(X,\mathfrak{O}')$ 强等价于 $\mathfrak{O}'\subset\mathfrak{O}$.

例 13 在集合 X,设 $\mathfrak{O}_d=\mathfrak{P}(X)$,那么 $(X,\mathfrak{O}_d)$ 是拓扑空间. 又设 $\mathfrak{O}_w=\{X,\phi\}$,则 $(X,\mathfrak{O}_w)$ 亦为拓扑空间. 依照上面的定义,易知 $(X,\mathfrak{O}_d)$ 为最强拓扑,而 $(X,\mathfrak{O}_w)$ 为最弱拓扑.

§4 拓扑空间的构成

从已知拓扑空间来定义新的拓扑空间有好几种方法,现在举两三种方法说明如下:

4.1* 设 X 为一个集合,$(Y,\mathfrak{O}(Y))$ 为拓扑空间,$f:X\to Y$ 为已给映射. 置
$$\mathfrak{O}(X)=f^{-1}(\mathfrak{O}(Y))$$
那么,$\mathfrak{O}(X)$ 必然满足 2.3* 的(1),(2),(3)诸条件. 这样定义出的拓扑空间 $(X,\mathfrak{O}(X))$,称为从 $(Y,\mathfrak{O}(Y))$ 由 f(即依赖于 f)诱导的拓扑空间. 在这时,$f:X\to Y$ 为连续映射.

注 4.1* 定义出的拓扑空间 $(X,\mathfrak{O}(X))$ 是使
$$f:X\to Y$$
为连续的所有 X 的拓扑中最弱的拓扑(证明留给读者).

4.2* 特殊情形是:设$(Y,\mathfrak{O}(Y))$是拓扑空间,而X是Y的子集合$(X\subset Y)$,又$\iota:X\to Y$是一恒等映射,即
$$\iota(x)=x \quad (x\in X)$$
这时,由
$$\mathfrak{O}(X)=\iota^{-1}\mathfrak{O}(Y)=\{X\cap O\mid O\in\mathfrak{O}(Y)\}$$
定义出的拓扑空间$(X,\mathfrak{O}(X))$,称为$(Y,\mathfrak{O}(Y))$的拓扑子空间(或称相对拓扑空间).

注 设$(X,\mathfrak{O}_\rho)$为由距离空间(X,ρ)所定义的拓扑空间,而$(A,\mathfrak{O}_{\rho_A})(A\subset X)$是由$(A,\rho_A)$所定义的拓扑空间,则后者为前者的拓扑子空间.

4.3* 设$(X,\mathfrak{O}(X)),(Y,\mathfrak{O}(Y))$为两个拓扑空间. 对于$Z=X\times Y$,置
$$\mathfrak{O}^*(Z)=\{pr_X^{-1}(A)\cap pr_Y^{-1}(B)=A\times B\mid$$
$$A\in\mathfrak{O}(X),B\in\mathfrak{O}(Y)\}$$
$$\mathfrak{O}(Z)=\{\bigcup_{\lambda\in\Lambda}O_\lambda^*\mid O_\lambda^*\in\mathfrak{O}^*(Z)\}$$
(其中$\bigcup_\Lambda$为任意基数的集合的和集),那么,$\mathfrak{O}(Z)$必然满足2.3^*的三个性质. 我们称$(Z,\mathfrak{O}(Z))$为$(X,\mathfrak{O}(X))$与$(Y,\mathfrak{O}(Y))$的直积拓扑空间. 不难看出
$$pr_X:Z\to X \text{ 及 } pr_Y:Z\to Y$$
为连续映射,并且是开映射.

注 $(X,\mathfrak{O}(X))$与$(Y,\mathfrak{O}(Y))$的直积拓扑空间$(Z,\mathfrak{O}(Z))$,是能使$pr_X:Z\to X$及$pr_Y:Z\to Y$为连续的Z的最弱拓扑.

4.4* 设$(X_\lambda,\mathfrak{O}_\lambda)(\lambda\in\Lambda)$为拓扑空间,$Z=\prod_{\lambda\in\Lambda}X_\lambda$是直积集合,置
$$\mathfrak{O}^*(Z)=\{\bigcap_{i=1}^n pr_{\lambda_i}^{-1}(O_{\lambda_i})\mid n=1,2,\cdots,\lambda_i\in\Lambda,$$
$$O_{\lambda_i}\in\mathfrak{O}_{\lambda_i}\}$$
(此处pr_{λ_i}为$Z\to X_{\lambda_i}$的射影)及

$$\mathfrak{O}(Z)=\{\bigcup_{\mu\in M}O_\mu^*\mid O_\mu^*\in\mathfrak{O}^*(Z)\}$$

(M 的基数为任意的),则$\mathfrak{O}(Z)$满足 2.3* 的诸条件. 这时称$(Z,\mathfrak{O}(Z))$为直积拓扑空间. 显然

$$pr_\lambda:Z\to X_\lambda$$

为连续开映射.

注 (1)直积拓扑空间是能使所有 $pr_\lambda(\lambda\in\Lambda)$都连续的最弱拓扑.

(2)由欧几里得空间$(\mathbf{R}^n,\rho_H)$定义的拓扑空间$(\mathbf{R}^n,\mathfrak{O}_{\rho_n})$,与由$(\mathbf{R},\rho_1)$所定义的拓扑空间$(\mathbf{R},\mathfrak{O}_{\rho_1})$的 n 个直积空间是一致的.

4.5* 设$(X,\mathfrak{O}(X))$为拓扑空间,Y 为任意一个集合,并设 $f:X\to Y$ 为完全映射,即 $f(X)=Y$(亦可把 Y 看作 X 的商空间,而把 f 看作完全正规映射),置

$$\mathfrak{O}(Y)=\{B\mid B\subset Y,f^{-1}(B)\in\mathfrak{O}(X)\}$$

则$\mathfrak{O}(Y)$满足 2.3* 的三个性质. 这时称$(Y,\mathfrak{O}(Y))$为商拓扑空间.

例 14 在 4.4* 中,从$(Z,\mathfrak{O}(Z))$依赖于

$$pr_X:Z\to X$$

得到的商拓扑空间$(X,\mathfrak{O}(X))$是与最初的 X 拓扑一致的.

例 15 设 $X=\mathbf{R}^n\setminus\{(0,\cdots,0)\}$,以 P^n 表示通过原点的所有直线的全体. 在 P^n 上定义的商拓扑空间,称为 n 维射影空间.

例 16 由 $X=\mathbf{R},Y=\mathbf{R}/\mathbf{Z},f:x\to x+\mathbf{Z}(\in\mathbf{R}/\mathbf{Z})$定义的商拓扑空间$(Y,\mathfrak{O}(Y))$与平面上的单位圆

$$S^1=\{e^{2\pi ir}\mid r\in\mathbf{R}(\bmod\ \mathbf{Z})\}$$

同胚.

注 Y 的商拓扑是使 $f:X\to Y$ 为连续的 Y 的最强拓扑.

用以上方法，从欧几里得空间出发，也可以导出许多形形色色的拓扑空间.

§5　连通性

5.1[*]　所谓拓扑空间 $(X,\mathfrak{O}(X))$ 为连通的(connected)，是指：在 $\mathfrak{O}(X)$ 中不存在两个 $O_1,O_2\in\mathfrak{O}(X)$ $(O_1\neq\varnothing,O_2\neq\varnothing)$，满足

$$X=O_1\cup O_2,O_1\cap O_2=\varnothing$$

根据这一定义，立即可知：在拓扑空间 $(X,\mathfrak{O}(X))$，$(Y,\mathfrak{O}(Y))$ 中，如果 X 连通，而 $f:X\to Y$ 为完全连续映射，则 Y 也是连通的.

5.2[*]　设 A 为拓扑空间 $(X,\mathfrak{O}(X))$ 的子集合，如拓扑子空间 $(A,\mathfrak{O}(A))$ 为连通的，则称 A 为连通的.

注　线段 $[a,b]$ 为连通的(证明留给读者).

5.3　(1) $A_1,A_2\subset(X,\mathfrak{O}(X))$，$A_1,A_2$ 为连通，且 $A_1\cap A_2\neq\varnothing$，则 $A_1\cup A_2$ 也连通.

(2) 设 A_λ $(\lambda\in\Lambda)$ 都是连通集，且 $\bigcap\limits_\lambda A_\lambda\neq\varnothing$，则 $\bigcup\limits_\lambda A_\lambda$ 也连通.

(3) 若 A 为连通，则其闭包 $\overline{A}$ 也连通.

5.4[*]　在拓扑空间 $(X,\mathfrak{O})$ 中，作所有含点 x 的连通集 X 的子集之和集，则这一集合一定是含 x 的最大连通集 $(\subset X)$. 我们称这个最大连通集为含 x 的成分. $(X,\mathfrak{O})$ 中的任意两个成分或者重合，或者不相交. 因此不难看出，X 可表示为互不相交的成分之和.

例 17　在康托集合 C 中，对每一点 x，含 x 的成分为 $\{x\}$.

例 18 **R** 的开集合 O 中含任一点的每一点成分为开区间，从而任意开集合可表示为

$$O=\bigcup_n I_n \quad (I_m \cap I_n=\varnothing, m\neq n)$$

即 O 可表示为充其量为可数个开区间 I_n 的和.

5.5* 在拓扑空间 $(X,\mathfrak{O})$ 中，闭区间 $I=[0,1]$ 的连续映射 $f:I\to X$ 的象 $f(I)$ 称为 X 上的弧. 如果 X 上的任意两点都可以结成弧，就称 X 为弧状联结. 凡是弧状联结的拓扑空间一定为连通的，但是，反过来不一定为真.

§6 分离条件（豪斯多夫[1]空间与正规空间）

6.1* 如果拓扑空间 $(X,\mathfrak{O})$ 满足下面的条件 H，则称它为豪斯多夫空间：

H 对于任意相异的两点 $x,y(\in X)$，存在着

$$U_x\in\mathfrak{U}(x),U_y\in\mathfrak{U}(y)$$

使得

$$U_x\cap U_y=\varnothing$$

（参见图 5）.

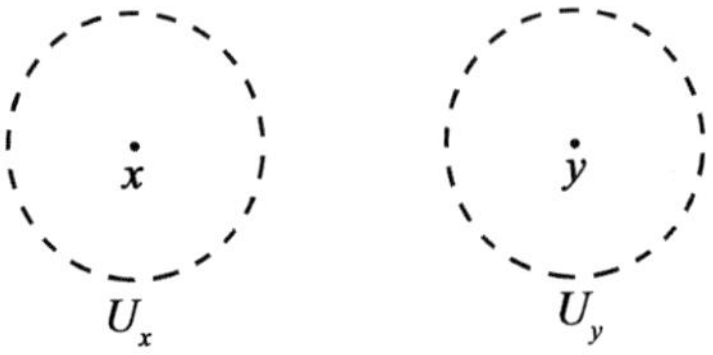

图 5

① 豪斯多夫（Hausdorff，1868—1942），德国数学家. 他引入了一套公理，并建立起拓扑空间（被称为豪斯多夫空间）理论. ——编者注

在豪斯多夫空间，仅由一点所组成的子集合 $\{x\}$ 必然是闭集.

例 19　由距离空间 (X,ρ) 定义的拓扑空间 $(X,\mathfrak{O}_\rho)$ 为豪斯多夫空间. 因为当 $\alpha=\rho(x,y)>0$ 时，就有

$$V(x,\frac{\alpha}{2})\cap V(y,\frac{\alpha}{2})=\varnothing$$

例 20　像 $\mathfrak{O}_w=\{X,\varnothing\}$ 这样的拓扑空间 $(X,\mathfrak{O})$ 不是豪斯多夫空间.

6.2　(1) 设 $(X,\mathfrak{O})$ 是豪斯多夫空间，则关于它的拓扑子空间 Y 也是豪斯多夫空间.

(2) 设 $(X_\lambda,\mathfrak{O}_\lambda)$ $(\lambda\in\Lambda)$ 皆为豪斯多夫空间，则它们的直积拓扑空间也是豪斯多夫空间.

(3) 设 $(Y,\mathfrak{O}')$ 是豪斯多夫空间，而 $(X,\mathfrak{O})$ 是由映射 $f:X\to Y$ 诱导出来的拓扑空间，则 $(X,\mathfrak{O})$ 为豪斯多夫空间的充要条件是: f 为一一对应映射.

(4) 设 $(Y,\mathfrak{O}')$ 是由拓扑空间 $(X,\mathfrak{O})$ 及 $f:X\to Y$ 构成的商拓扑空间，那么即使 $(X,\mathfrak{O})$ 是豪斯多夫空间，$(Y,\mathfrak{O}')$ 并不一定是豪斯多夫空间.

例 21　设 $X=\mathbf{R}$, $Y=\mathbf{R}/\mathbf{Q}$, $f: a(\in X)\to a+\mathbf{Q}(\in Y)$，则 Y 不是豪斯多夫空间.

6.3*　让我们来定义更强的分离条件 N:

N　设 A_1,A_2 为任意两个闭集，如果 $A_1\cap A_2=\varnothing$，则存在着开集 O_1,O_2，满足

$$A_1\subset O_1,A_2\subset O_2$$

而且

$$O_1\cap O_2=\varnothing$$

(参见图 6).

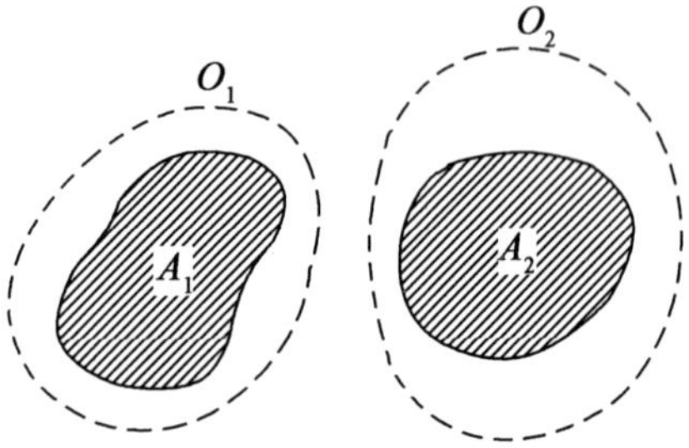

图 6

满足条件 N 的豪斯多夫空间称为正规空间，但豪斯多夫空间未必是正规空间.

6.4 距离空间是正规空间.

证明 设 A_1, A_2 为任意两个不相交的闭集，对于 $x \in A_1$，置

$$\varepsilon_1(x) = \inf_{y \in A_2} \rho(x, y) > 0$$

对于 $y \in A_2$，置

$$\varepsilon_2(y) = \inf_{x \in A_1} \rho(x, y) > 0$$

又设

$$O_1 = \bigcup_{x \in A_1} V(x, \frac{\varepsilon_1(x)}{2}), O_2 = \bigcup_{y \in A_2} V(y, \frac{\varepsilon_2(y)}{2})$$

那么，就有 $A_1 \subset O_1, A_2 \subset O_2, O_1 \cap O_2 = \varnothing$ 成立. 证毕.

对定义在正规空间上的连续函数处理起来比较容易.

6.5 乌雷松的辅理① 设 A_1, A_2 为正规空间 $(X, \mathfrak{O})$ 的两个闭集，且 $A_1 \cap A_2 = \varnothing$. 这时，就存在着连续映射 $f: X \to \mathbf{R}$，并满足如下条件：

---

① 参看关肇直的《拓扑空间概论》，科学出版社，1958 年，第二章 §4. 本定理证明中增加了解释. ——编者注

(1) $f(x)=0\ (x\in A_1)$;

(2) $f(x)=1\ (x\in A_2)$;

(3) $0\leqslant f(x)\leqslant 1\ (x\in X)$.

证明 不难看出,条件 N 等价于下面的事实:设 A 为闭集,O 为开集,而 $A\subset O$,则存在着一个 O_1,使得

$$A\subset O_1\subset \overline{O}_1\subset O$$

我们可反复利用这个性质来证明上述定理. 先令 $O(1)=A_2^c$(是开集),则 $A_1\subset A_2^c$,即 $A_1\subset O(1)$. 因此,存在着一个 $O(\frac{1}{2})$,满足

$$A_1\subset O(\frac{1}{2})\subset \overline{O}(\frac{1}{2})\subset O(1)$$

同样存在着 $O(\frac{1}{2^2})$ 及 $O(\frac{3}{2^2})$,满足

$$A\subset O(\frac{1}{2^2})\subset \overline{O}(\frac{1}{2^2})\subset O(\frac{1}{2})\subset$$

$$\overline{O}(\frac{1}{2})\subset O(\frac{3}{2^2})\subset \overline{O}(\frac{3}{2^2})\subset O(1)$$

反复进行下去,可得到有理数

$$\alpha=\frac{r}{2^n}\quad (n=1,2,\cdots;r=1,2,\cdots,2^n)$$

每一个有理数对应着一个开集 $O(\alpha)$,并满足

$$O(1)=A_2^c$$

$$A_1\subset O(\alpha)$$

$$\alpha<\beta,\overline{O(\alpha)}\subset O(\beta)$$

现在只要假定:

当 $x\in A_2$ 时,$f(x)=1$;

当 $x\in A_2^c$ 时,$f(x)=\inf\{\alpha\mid x\in O(\alpha)\}$.

这个函数 $f(x)$ 就满足定理的要求. 证毕.

6.6 蒂策扩张定理 设$(X,\mathfrak{O})$为正规空间,A 为

X 的子集合，而 $\varphi_0:A\to\mathbf{R}$ 为定义在 A 上的有界实连续函数. 那么，存在着定义在 X 上的实连续函数

$$f:X\to\mathbf{R}$$

并满足:

(1) $f|A=\varphi_0$;

(2) $\sup\{|f(x)|\,|\,x\in X\}=\sup\{|\varphi(x)|\,|\,x\in A\}(=\mu_0)$.

证明 首先，设

$$A_1=\varphi^{-1}([\frac{\mu_0}{3},+\infty)),A_2=\varphi^{-1}((-\infty,\frac{-\mu_0}{3}])$$

依照 6.5 的方法，可得一连续实函数

$$f_0:X\to\mathbf{R}$$

而且

$$f_0(x)=\begin{cases}\dfrac{\mu_0}{3} & (x\in A_1)\\ -\dfrac{\mu_0}{3} & (x\in A_2)\end{cases}$$

$$|f_0(x)|\leqslant\frac{\mu_0}{3}\quad(x\in X)$$

特别在 A 上令

$$\varphi_1(x)=\varphi_0(x)-f_0(x)$$

则

$$|\varphi_1(x)|\leqslant\frac{2\mu_0}{3}\quad(=\mu_1)$$

继续这样做下去，能够得到 $f_n(x)$，$\varphi_n(x)$，满足:

(1) $f_n(x)$ 为在 X 上的连续函数，$\varphi_n(x)$ 为在 A 上的连续函数;

(2) $\varphi_n(x)=\varphi_{n-1}(x)-f_{n-1}(x)$;

(3) $\sup\{|\varphi_n(x)|\,|\,x\in A\}=\mu_n\leqslant(\frac{2}{3})^n\mu_0$;

$\sup\{|f_n(x)|\,|\,x\in X\}\leqslant\frac{\mu_n}{3}$.

因 $f(x)=f_0(x)+f_1(x)+\cdots$ 一致收敛,故 $f:X\to\mathbf{R}$ 为连续函数,而且有

$$|f(x)|\leqslant\sum_{n=0}^{\infty}|f_n(x)|\leqslant\mu_0$$

另一方面,当 $x\in A$ 时,有

$$\varphi_0(x)=\sum f_n(x)=f(x)$$

证毕.

下面的性质虽然常常有很大用处,但本书后面并没用到,所以只把结果叙述一下.

6.7* 一般拓扑空间 $(X,\mathfrak{O})$ 的子集合 $\{O_\lambda\mid\lambda\in\Lambda\}$ 为局部有限,意指:对于任意一个 $x\in X$,存在一个邻域 U_x,使得 $\{\lambda\mid U_x\cap O_\lambda\neq\varnothing\}$ 为有限.

6.8 设 $(X,\mathfrak{O})$ 为正规空间,$\{O_\lambda\mid\lambda\in\Lambda\}$ 为 X 的局部有限的开覆盖,则可取适当的闭集合 $A_\lambda\subset O_\lambda$,使得 $X=\bigcup\limits_{\lambda\in\Lambda}A_\lambda$. 除此以外,存在着定义在 X 上的实连续函数 $f_\lambda(x)(\lambda\in\Lambda)$,满足:

(1) $0\leqslant f_\lambda(x)\,(x\in X)$;

(2) $f_\lambda(x)=0\,(x\in X-O_\lambda)$;

(3) $f_\lambda(x)>0\,(x\in A_\lambda)$;

(4) $\sum\limits_{\lambda\in\Lambda}f_\lambda(x)=1$.

注 设 $(X,\mathfrak{O})$ 为正规空间,对于开集合 O,置

$$S(O)=\{f(x)\mid f(x)\text{为定义在 }X\text{ 上的连续函数},\ 0\leqslant f(x)\leqslant c_0(x)\}$$

对于两个开集合 O_1,O_2,置

$$S(O_1)+S(O_2)=\{f+g\mid f\in S(O_1),g\in S(O_2)\}$$

则

$$S(O_1\cup O_2)\subset S(O_1)+S(O_2)$$

6.9 虽然正规空间有其良好的特性,但有下面的事实:

(1) 正规空间的拓扑子空间未必是正规空间;

(2)两个正规空间的直积空间未必是正规空间.

现在叙述一下关于正规空间成为距离空间的条件. 虽然目前对必要和充分条件已经确立,但下面定理所给出的充分条件较易于运用.

6.10　乌雷松的附以距离定理　满足第二可数公理的正规空间$(X,\mathfrak{O})$一定能够定义一个距离函数,使由(X,ρ)所确定的拓扑空间与原有的拓扑空间$(X,\mathfrak{O})$一致(这就是所谓$(X,\mathfrak{O})$附以距离可能的定理).

证明　设$\mathfrak{O}$的可数基底为$\{O_n \mid n=1,2,\cdots\}$. 考虑具有$\overline{O}_{i_l}\subset O_{j_l}$这样集偶$P_l=(O_{i_l},O_{j_l})$的全体$\{P_l \mid l=1,2,3,\cdots\}$. 对于每一个$P_l$,作一个定义在$X$上的实连续函数$f_l(x)$

$$f_l(x)=\begin{cases}1 & (x\in O_{i_l})\\ 0 & (x\notin O_{j_l},0\leqslant f_l(x)\leqslant 1)\end{cases}$$

若$x\neq y(\in X)$,则存在具有性质$x\in O_{i_l},y\notin O_{j_l}$的集偶$P_l$. 令

$$u_l(x)=\frac{f_l(x)}{l}\quad (l=1,2,\cdots)$$

则

$$\sum_{l=1}^{\infty} u_l^2(x)\leqslant \sum \frac{1}{l^2}<+\infty$$

如设

$$\varphi(x)=(u_1(x),u_2(x),\cdots,u_n(x),\cdots)$$

则$\varphi:X\to l^{(2)}$为一一对应的映射. 现在只要置

$$\rho(x,y)=\rho_2(\varphi(x),\varphi(y))$$

则ρ就是在X上定义的距离函数. 由ρ定义$\mathfrak{U}_\rho$,这一$\mathfrak{U}_\rho$与一开始所给的邻域系$\mathfrak{U}$相一致,因为:

(1)对于任意的$x\in X$和$V_\rho(x,\varepsilon)(\varepsilon>0)$,一定存在着$U\in\mathfrak{U}(x)$,使得$U\subset V_\rho(x,\varepsilon)$. 事实上,首先取满足

$$\sum_{n=1}^{\infty}\left(\frac{1}{n}\right)^2\leqslant K^2,\ \sum_{n=n_0}^{\infty}\frac{1}{n^2}<\frac{\varepsilon^2}{5}$$

的 K,n_0，其次选取 $U\in\mathfrak{U}(x)$，使当 $y\in U$ 时，满足条件

$$|u_l(x)-u_l(y)|<\frac{\varepsilon}{\sqrt{5n_0}K}\quad(l=1,\cdots,n_0)$$

则 $U\subset V_\rho(x,\varepsilon)$. 由此可见

$$\mathfrak{U}(x)\supset\mathfrak{U}_\rho(x)$$

(2) 对于任意的 $U\in\mathfrak{U}(x)$，存在着 $V_\rho(x,\varepsilon)(\varepsilon>0)$，满足 $V_\rho(x,\varepsilon)\subset U$. 事实上，设 $x\in O_k\subset U$，我们可以取具有 $x\in O_k\subset U, x\in O_j\subset\overline{O}_j\subset O_k$ 性质的集偶 $P=(O_j,O_k)$. 设 $P=P_n$，若 $\rho(x,y)<\frac{1}{n}$，从 $u_n(x)=0$ 必然有 $u_n(y)<1$. 按照 $u_l(x)$ 的定义，就有 $y\in O_k$，即

$$V_\rho(x,\frac{1}{n})\subset U$$

这就是说 $\mathfrak{U}_\rho(x)\supset\mathfrak{U}(x)$. 证毕.

§7　紧　性

7.1[*]　如果豪斯多夫空间 $(X,\mathfrak{O})$ 满足如下的条件 K，就称为紧空间(compact space)：

K　若 X 的开集合族 $\{O_\lambda\mid\lambda\in\Lambda\}$ 为 X 的覆盖(即 $X=\bigcup_{\lambda\in\Lambda}O_\lambda$)，则必有有限个 $\lambda_1,\cdots,\lambda_n$，使得

$$X=\bigcup_{i=1}^{n}O_{\lambda_i}$$

容易验证，条件 K 与下面的条件 K′等价：

K′　若 X 的闭集合族 $\{A_\lambda\mid\lambda\in\Lambda\}$ 具有有限交叉性(即对于任意有限个 $\lambda_1,\cdots,\lambda_n$，都有 $\bigcap_{i=1}^{n}A_{\lambda_i}\neq\varnothing$)，

则

$$\bigcap_{\lambda \in \Lambda} A_\lambda \neq \varnothing$$

7.2 紧空间$(X,\mathfrak{O})$是正规空间.

证明 设有闭集合 $A_1, A_2 (A_1 \cap A_2 = \varnothing)$. 对于 $x \in A_1, y \in A_2$, 选取具有 $U_x^{(y)} \cap U_y^{(x)} = \varnothing$这样性质的邻域

$$U_x^{(y)} \in \mathfrak{U}(x), U_y^{(x)} \in \mathfrak{U}(y)$$

从 $\bigcup_{x \in A_1} U_x^{(y)} \supset A_1$, 可以选取有限个 $x_1, \cdots, x_m$, 满足

$$U_A^{(y)} = \bigcup_{i=1}^{m} U_{x_i}^{(y)} \supset A_1$$

置

$$U_y = \bigcap_{i=1}^{m} U_y^{(x_i)} \quad (y \in A_2)$$

又从 $\bigcup_{y \in A_2} U_y \supset A_2$, 同样可以取有限个

$$y_1, y_2, \cdots, y_n$$

满足

$$\bigcup_{i=1}^{n} U_{y_i} \supset A_2$$

如果置

$$O_1 = \bigcap_{i=1}^{n} U_A^{(y_i)}, O_2 = \bigcup_{i=1}^{n} U_{y_i}$$

那么

$$A_1 \subset O_1, A_2 \subset O_2, O_1 \cap O_2 = \varnothing$$

证毕.

用§4 中的方法可由紧空间构成种种的拓扑空间,试问它们是否也是紧空间呢?

7.3 紧空间$(X,\mathfrak{O})$的拓扑子空间 A 是紧的的充要条件为 A 为闭集合.

证明　设 A 为闭集合. 如果

$$A=\bigcup_{\lambda\in\Lambda}O'_\lambda,\ O'_\lambda\in\mathfrak{D}(A)$$

而 $O'_\lambda=A\cap O_\lambda,O_\lambda\in\mathfrak{D}$,则有

$$X=(X\backslash A)\cup\bigcup_{\lambda\in\Lambda}O_\lambda$$

由于 X 是紧空间,故存在着有限个 $\lambda_1,\cdots,\lambda_n$,使得

$$X=(X\backslash A)\cup\bigcup_{i=1}^{n}O_{\lambda_i}$$

即
$$A=\bigcup_{i=1}^{n}O'_{\lambda_i}$$

必要条件可从后文中7.6导出来. 证毕.

7.4　若$(X,\mathfrak{D})$是紧空间,$(Y,\mathfrak{D}')$为豪斯多夫空间,而 $f:X\to Y$ 又是完全一一对应连续映射,那么$(Y,\mathfrak{D}')$也是紧空间. 特别是从紧空间$(X,\mathfrak{D})$导出的商拓扑空间,如果为豪斯多夫空间,则必同时为紧空间.

证明　设 $Y=\bigcup_{\lambda\in\Lambda}O'_\lambda(O'_\lambda\in\mathfrak{D}')$,则

$$X=\bigcup_{\lambda\in\Lambda}f^{-1}(O'_\lambda)$$

由于 f 为连续的,故 $f^{-1}(O'_\lambda)\in\mathfrak{D}$. 又因 X 的紧性,所以存在有限个 $\lambda_1,\cdots,\lambda_n$,使得

$$X=\bigcup_{i=1}^{n}f^{-1}(O'_{\lambda_i})$$

由此可得

$$Y=\bigcup_{i=1}^{n}O'_{\lambda_i}$$

证毕.

7.5　Tychonoff **定理**　设$(X_\lambda,\mathfrak{D}_\lambda)(\lambda\in\Lambda)$是紧空间,那么它们的直积拓扑空间$(X,\mathfrak{D})$($X=\prod_{\lambda\in\Lambda}X_\lambda$)也是紧空间.

证明　设 $\{A_\mu\mid\mu\in M\}$ 为 X 的有限交叉性的闭集合族,则存在着一个含 $\{A_\mu\}$ 的极大深透$\mathfrak{F}$. X_λ 的子集合

族$\mathfrak{F}_\lambda=\{pr_\lambda(F)\mid F\in\mathfrak{F}\}$也是有限交叉性的. 由于$X_\lambda$是紧的,所以$\bigcap\limits_{F\in\mathfrak{F}}\overline{pr_\lambda(F)}\neq\varnothing$. 设$x_\lambda^0\in\bigcap\limits_{F\in\mathfrak{F}}\overline{pr_\lambda(F)}$,并假定$x\in X$满足$pr_\lambda(x^0)=x_\lambda^0$. 现在只要能够证明$x^0\in\bigcap\limits_{F\in\mathfrak{F}}\overline{F}$,问题也就解决了(因$\mathfrak{F}$为含$\{A_\mu\}$的极大深透,故按照深透的定义知$x^0\in\bigcap\limits_{\mu\in M}A_\mu$,即$\bigcap\limits_{\mu\in M}A_\mu\neq\varnothing$). 为此,只要能证明$x_0$的任意邻域$U$(或者属于$\mathfrak{U}(x^0)$的基底$U$),满足$U\cap F\neq\varnothing(F\in\mathfrak{F})$就行了. 但是邻域$U$按照拓扑直积空间的构成只要考虑

$$U=pr_{\lambda_1}^{-1}(U_{\lambda_1})\cap\cdots\cap pr_{\lambda_n}^{-1}(U_{\lambda_n})\quad(U_{\lambda_i}\in\mathfrak{U}_\lambda(x_\lambda^0))$$

的形式就足够了. 要证明

$$F\cap U=F\cap pr_{\lambda_1}^{-1}(U_{\lambda_1}\cap\cdots\cap pr_{\lambda_n}^{-1}(U_{\lambda_n}))\neq\varnothing$$

只要能证

$$F\cap pr_\lambda^{-1}(U_\lambda)\neq\varnothing\quad(U_\lambda\in\mathfrak{U}_\lambda(x_\lambda^0))$$

就可以了. 然而

$$F\cap pr_\lambda^{-1}(U_\lambda)\neq\varnothing\quad(U_\lambda\in\mathfrak{U}_\lambda(x_\lambda^0))$$

可由$pr_\lambda F\cap U_\lambda\neq\varnothing$导出来. 这就证明了$X$的紧性. 证毕.

7.6 设$(X,\mathfrak{O})$为紧空间,$(Y,\mathfrak{O}')$为豪斯多夫空间,$f:X\to Y$为连续映射,则f是闭的. 特别地,$f(X)$是Y的闭子集合.

证明 设$y\in Y\backslash f(X)$,$f(x)\in f(X)$,然后取适合条件$U_{f(x)}^{(y)}\cap U_y^{(f(x))}=\varnothing$的邻域$U_{f(x)}^{(y)}\in\mathfrak{U}'(f(x))$,$U_y^{(f(x))}\in\mathfrak{U}'(y)$. 因$\bigcup\limits_{f(x)\in f(X)}U_{f(x)}^{(y)}\supset f(X)$,而且按照7.4,$f(X)$是紧的,所以可取有限个$U_{f(x_1)}^{(y)}\cup\cdots\cup U_{f(x_n)}^{(y)}\supset f(X)$. 若置

$$U_y=\bigcap_{i=1}^{n}U_y^{(f(x_i))}$$

那么

$$f(X)\cap U_y=\varnothing$$

即 $Y\backslash f(X)$ 为开集合. 一般来讲,若设 A 为 X 的闭集合,则依照7.3知,A 是紧的,由此 $f(A)$ 为闭集合. 证毕.

7.7 设 $(X,\mathfrak{O})$ 为紧空间,$(Y,\mathfrak{O}')$ 为豪斯多夫空间,又设 $f:X\to Y$ 为完全一一对应的连续映射,那么 f^{-1} 也连续,而且 $(X,\mathfrak{O})$ 与 $(Y,\mathfrak{O}')$ 同胚.

证明 可从7.6直接导出来.

7.8 设 $(X,\mathfrak{O})$ 为紧空间,$f:X\to\mathbf{R}$ 为在 X 上定义的连续映射,则 $f(X)$ 为有界闭集,而且存在着 $x_0,x_1\in X$,使得

$$f(x_0)=\sup f(X),f(x_1)=\inf f(X)$$

证明 因 $f(X)$ 是 $\mathbf{R}$ 的紧集合,则它是有界的闭集合,由此 $\sup f(X)$,$\inf f(X)$ 也属于 $f(X)$. 证毕.

注 紧空间 $(X,\mathfrak{O})$ 是贝尔空间.

其他紧的距离空间将在第4章中叙述.

到此为止,已经接触到许多空间的名称,现在复习一下它们之间的关系:

距离空间↘
紧空间↗(正规空间)→豪斯多夫空间→拓扑空间

§8 局部紧性

8.1* 在豪斯多夫空间 $(X,\mathfrak{O})$ 中,若 X 的每一点 x 至少有一个邻域为紧集合,则称 X 为局部紧(locally compact)空间.

譬如,欧几里得空间 $\mathbf{R}^n$ 为局部紧. 现叙述一下局部紧空间的若干性质,但不加以证明.

8.2 局部紧空间虽然不一定是正规空间,但如满足第二公理,则就是正规空间.

8.3 直积空间为局部紧的充要条件是:诸因子空间$(X_\lambda,\mathfrak{O}_\lambda)$中,除有限多个外都是紧的,而这些除外的有限多个因子空间都是局部紧的.

8.4* 在豪斯多夫空间$(X,\mathfrak{O})$中,若对 X 的每一点 x,至少有一个与 n 维欧几里得空间的球体

$$V^n=\{(x_1,\cdots,x_n)\mid\sum_{i=1}^{n}x_i^2<1\}$$

同胚的邻域 U_x 存在的时候,称$(X,\mathfrak{O})$为 n 维流形体(这样的 U_x 称为坐标邻域).

8.5 流形体$(X,\mathfrak{O})$为局部紧空间. X 满足第二公理的充要条件是:X 可以被可数个坐标邻域所覆盖.

在正规空间中,6.8 的性质是很重要的,因此近来用下面的概念.

8.6* 在正规空间中,对于 X 的任意开覆盖$\{O_\lambda\mid\lambda\in\Lambda\}$,如果存在局部有限开覆盖$\{O'_\mu\mid\mu\in M\}$,使得对于任意 O'_μ都含于某一个 O_λ 中(即 $O'_\mu\subset O_\lambda$),这时,称$(X,\mathfrak{O})$为仿紧(paracompact)空间.

8.7 距离空间、紧空间以及满足第二可数公理的局部紧空间都是仿紧空间.

第4章 距离空间

§1 收 敛

在欧几里得空间中,收敛的概念与邻域同样是直观的、基本的概念,让我们来说明一下这个概念在距离空间的情形.

1.1* 设(X,ρ)为距离空间,所谓X的点列$(x_1,x_2,\cdots,x_n,\cdots)=\{x_n\}$收敛于$x$,意指:$\lim\limits_{n\to\infty}\rho(x_n,x)=0$,记为

$$\lim_{n\to\infty}x_n=x \quad (\text{有时表示为}\lim x_n=x)$$

换句话说,就是对于任意一个$\varepsilon>0$,必有一个n_0存在,只要$n\geqslant n_0$,便有

$$x_n\in V(x,\varepsilon)$$

1.2 在距离空间中,有如下的性质:

(1)若$x_n=x(n=1,2,\cdots)$,则

$$\lim x_n=x$$

(2)设$\lim x_n=x$,则对$\{x_n\}$的任意子列$\{x_{n'}\}$,都有

$$\lim x_{n'}=x$$

(3)如果对于$\{x_n\}$的任一子列$\{x_{n'}\}$,都可适当选取$\{x_{n'}\}$的子列$\{x_{n''}\}$,满足$\lim\limits_{n\to\infty} x_{n''}=x$,则

$$\lim_{n\to\infty} x_n=x$$

(4)设有二重点列$\{x_{m,n}\}$,若

$$\lim_{n\to\infty} x_{m,n}=y_n,\lim_{n\to\infty} y_n=z$$

则可选取$m(n)$,使得

$$\lim_{n\to\infty} x_{m(n),n}=z$$

(5)对于点列$\{x_n\}$,若

$$\lim_{n\to\infty} x_n=x,\lim_{n\to\infty} x_n=y$$

则

$$x=y$$

这些性质的证明是很容易的,详细说明从略.只要应用以上的性质,从收敛概念就可以导出其他概念.

1.3 在距离空间(X,ρ)中,设E为X的任意子集,则:

(1)$x\in\overline{E}\Leftrightarrow$存在着属于$E$的点列$\{y_n\}$,使得

$$\lim y_n=x$$

(2)$x\in E^d\Leftrightarrow$存在着属于E的点列$\{y_n\}$$(y_n\neq x)$且$\lim y_n=x$.

(3)$x\in E^r\Leftrightarrow x\in\overline{E}\wedge x\in\overline{X\setminus E}$.

(4)$x\in E^\circ\Leftrightarrow$若$\lim y_n=x(y_n\in X)$,那么存在着一个$n_0$,只要$n\geqslant n_0$,便有$y_n\in E$.

这些证明是不难的.

下面讨论在X中定义着两个以上相异距离的情形.

1.4* 设在X中有两个距离函数ρ,ρ',距离空间(X,ρ),(X,ρ')定义同一拓扑空间的充要条件是:设$\{x_n\}$为X的任一点列,如果关于ρ有$\lim x_n=x$,则关于ρ'也有$\lim x_n=x$;反之,如果关于ρ'有$\lim x_n=x$,

则关于ρ也有$\lim x_n = x$.

换句话说，充要条件为：对于任意$\varepsilon>0$，必有$\delta>0$（及$\delta'>0$），使得

$\rho(x,y)<\delta\Rightarrow\rho'(x,y)<\varepsilon(\rho'(x,y)<\delta'\Rightarrow\rho(x,y)<\varepsilon)$

这时称ρ与ρ'等价.

例1 在距离空间(X,ρ)中，若置

$$\rho'(x,y)=\frac{\rho(x,y)}{1+\rho(x,y)}$$

那么，ρ与ρ'等价. 其他例子可参看本章§3.

1.5* 如果在距离空间(X,ρ)中，存在着一个处处稠密的可数集A，那么称(X,ρ)为可分的.

例2 设$\mathbf{Q}$为有理数集合，则因$\overline{\mathbf{Q}}=\mathbf{R}$，故$\mathbf{R}$为可分空间. 同样因$\overline{\mathbf{Q}^n}=\mathbf{R}^n$（$\mathbf{Q}^n$为有理点全体），故$\mathbf{R}^n$为可分的.

1.6 在距离空间中，可分与满足第二可数公理是等价的.

证明 若(X,ρ)为可分的，则可设$A=\{a_1, a_2,\cdots\}$，$\overline{A}=X$. 如果置$O_{i,r}=V(a_i,r)\ (r\in\mathbf{Q})$，则

$$\{O_{i,r}\mid i=1,2,\cdots;r\in\mathbf{Q}\}$$

就是$\mathfrak{O}_\rho(X)$的可数基底.

反之，若$(X,\mathfrak{O}_\rho)$满足第二可数公理，则设$\mathfrak{O}_\rho(X)$的可数基底为$B(\mathfrak{O}_\rho)=\{O_n\mid n=1,2,\cdots\}$. 如果取任意$a_n\in O_n(n=1,2,\cdots)$，那么对于$A=\{a_1,a_2,\cdots,a_n,\cdots\}$就有$\overline{A}=X$. 证毕.

1.7* 设(X,ρ)为距离空间，对于任意$\varepsilon>0$，都存在着有限个$x_1,\cdots,x_n$，使得

$$X=V(x_1,\varepsilon)\cup\cdots\cup V(x_n,\varepsilon)$$

这时称(X,ρ)为完全有界(或称完全紧(precompact))的距离空间.

1.8 紧距离空间为完全有界,而完全有界的距离空间必为可分.

证明 若X为紧空间,则由$X=\bigcup\limits_{x\in X}V(x,\varepsilon)$,可选取有限个$V(x_i,\varepsilon)$,使得

$$X=\bigcup_{i=1}^{n}V(x_i,\varepsilon)$$

这就是说,X为完全有界.

若(X,ρ)为完全有界,则X可表示为

$$X=\bigcup_{i=1}^{n_r}V(x_i^{(r)},r)\quad(r\in\mathbf{Q})$$

因此,对于可数集合$A=\{x_i^{(r)}\mid r\in\mathbf{Q},i=1,\cdots,n_r\}$,就有$\overline{A}=X$. 证毕.

1.9 费雷歇(Fréchet)定理 距离空间(X,ρ)为紧的的充要条件是:对于任意(可数)的无限集合$A(\subset X)$,至少有一个聚点(在X中).

证明 设(X,ρ)是紧空间,又设可数集合$A=\{a_1,a_2,\cdots\}$没有一个聚点,则所有的

$$A_k=\{a_k,a_{k+1},\cdots\}\quad(k=1,2,\cdots)$$

都是闭集合. 但$\{A_k\mid k=1,2,\cdots\}$是有限交叉性的,故

$$\bigcap_{k=1}^{\infty}A_k=\varnothing$$

这与(X,ρ)为紧空间的假设矛盾. 反之,设任意无限集合至少有一个聚点,则(X,ρ)是完全有界的(如果不是如此,必存在一个$\varepsilon>0$,可以取出$\{x_k\mid k=1,2,\cdots\}$,使得$\rho(x_i,x_j)>\varepsilon(i\neq j)$,这样$\{x_k\}$就没有聚点了). 既然$(X,\rho)$为完全有界,从1.8定理知其为可分,从而$X$满足

第二可数公理1.6. 现在设 X 的任意开覆盖 $X=\bigcup_{\lambda\in\Lambda}O_\lambda$，则存在着可数开子覆盖，使得 $X=\bigcup_{n=1}^{\infty}O_{\lambda_n}$. 若 $X\neq\bigcup_{n=1}^{k}O_{\lambda_n}$ $(k=1,2,\cdots)$，我们取 $a_k\in X$，但 $a_k\notin\bigcup_{n=1}^{k}O_{\lambda_n}$（当 $j\neq k$ 时，$a_j\neq a_k$），则

$$A=\{a_k\mid k=1,2,\cdots\}$$

就没有聚点了，这与假设矛盾. 证毕.

从1.9的结果，可直接导出下面这个著名的定理：

1.10　波尔查诺－魏尔斯特拉斯(Bolzano-Weierstrass)定理

(1) $\mathbf{R}$ 的有界闭区间是紧的.

(2) $\mathbf{R}^n$ 的有界闭区间也是紧的.

(3) $\mathbf{R}^n$ 的子集合 A 为紧的的充要条件是：A 为有界的闭集合.

下面叙述一下关于紧空间中的一些记号.

1.11*　设 A 为距离空间 (X,ρ) 的子集合，定义

$$\delta(A)=\sup\{\rho(a,b)\mid a,b\in A\}$$

为 A 的直径.

$A,B(\subset X)$ 的距离定义为

$$d(A,B)=\inf\{\rho(a,b)\mid a\in A,b\in B\}$$

若 A,B 为紧的，则存在着 $a_0,a_1\in A$，使得

$$\delta(A)=\rho(a_0,a_1)$$

又存在着 $a_0\in A,b_0\in B$，使得

$$d(A,B)=\rho(a_0,b_0)$$

不言而喻，当 A,B 为紧的，而且 $A\cap B=\varnothing$ 时，则

$$d(A,B)>0$$

§2 距离空间的一致拓扑性质

设ρ,ρ'为定义在X上的两个距离函数，如果(X,ρ)，(X,ρ')所定义的拓扑空间相同，而(X,ρ)为完全有界，但(X,ρ')未必完全有界.

例3 设$X=\mathbf{R}$，$\rho(a,b)=|a-b|$，$\rho'(a,b)=\dfrac{|a-b|}{1+|a-b|}$，则$(X,\rho')$为完全有界，而$(X,\rho)$不是完全有界.

从开集合族$\mathfrak{O}$的性质所引出来的性质(如连通性、紧性等)对拓扑空间$(X,\mathfrak{O})$和与它同胚的拓扑空间来说是共通的，也就是说凡是拓扑空间$(X,\mathfrak{O})$具有的性质，与它同胚的拓扑空间也具有，反之亦如此. 我们称这些性质为拓扑的性质. 但是距离空间的完全有界并非拓扑性质，不过以后可以看到，这是所谓一致拓扑性质.

2.1* 设有距离空间(X,ρ)，(Y,ρ')，所谓映射$f:X\to Y$为一致连续，意指：对于任意$\varepsilon>0$，存在着一个$\delta>0$，只要$\rho(x,x')<\delta$，便有$\rho'(f(x),f(x'))<\varepsilon$.

如果从(X,ρ)到(Y,ρ')的映射$f:X\to Y$为一致连续，则对于$(X,\mathfrak{O}_\rho)$与$(Y,\mathfrak{O}_{\rho'})$来讲，映射f是连续的，但反过来未必为真.

在两个距离空间(X,ρ)，(Y,ρ')，设$f:X\to Y$为完全一一对应映射，如果f,f^{-1}都一致连续，则称(X,ρ)与(Y,ρ')为一致同胚. 其次，凡距离空间(X,ρ)及与它一致同胚的距离空间所共有的性质，称为一致拓扑的性质. 例如,完全有界就是一致拓扑性质.

2.2 在距离空间(X,ρ),(Y,ρ')中,如果X为紧空间,而$f:X\to Y$为一连续映射,则f必为一致连续.

证明 由于f为连续,故对于任一个$\varepsilon>0$,就存在着一个$\delta=\delta(x,\varepsilon)>0$,使得

$$f(V_\rho(x,\delta))\subset V_{\rho'}(f(x),\frac{\varepsilon}{2})$$

又因X为紧空间,从而可取有限个点$x_1,\cdots,x_n$,使得

$$X=\bigcup_{x\in X}V_\rho(x_i,\frac{\delta(\varepsilon,x_i)}{2})$$

如果置

$$\delta=\min\{\frac{\delta(\varepsilon,x_1)}{2},\cdots,\frac{\delta(\varepsilon,x_n)}{2}\}$$

那么,只要$\rho(x,x')<\delta$,就有

$$\rho'(f(x),f(x'))<\varepsilon$$

证毕.

2.3* 所谓距离空间(X,ρ)的点列$\{x_n\}$为基本点列,意指:对于$\varepsilon>0$,存在一个n_0,只要$m,n\geqslant n_0$,便有$\rho(x_m,x_n)<\varepsilon$,即$\lim\limits_{m,n\to\infty}\rho(x_m,x_n)=0$.

如果点列$\{x_n\}$收敛,$\lim x_n=x$,则$\{x_n\}$为基本点列. 但反过来未必为真.

2.4* 如果距离空间(X,ρ)中的所有基本点列都收敛,则称距离空间(X,ρ)为完备的(complete).

距离空间的完备性不是拓扑性质,但是为一致拓扑性质.

2.5 距离空间(X,ρ)为完全有界的充要条件是:X的任意无限子集合至少有一个基本点列$\{x_n\}$(但在

这里要假定，当 $i \neq j$ 时，$x_i \neq x_j$).

从 1.9 与 2.5 可导出如下的定理：

2.6 距离空间为紧的的充要条件是：(X,ρ) 为完全有界且完备.

注 局部紧空间是完备的. 特别地，欧几里得空间 $\mathbf{R}^n$ 是完备的.

2.7 完备化定理 设 (X,ρ) 为任意距离空间，那么存在着具有如下性质的完备距离空间 (X^*,ρ^*).

(1) 存在着一一对应映射（注意不一定为完全一一对应）$\varphi: X \to X^*$，而且 $\rho(x,x') = \rho^*(\varphi(x),\varphi(x'))$ $(x,x' \in X)$；

(2) $\overline{\varphi(X)} = X^*$；

(3) 满足条件 (1)，(2) 的 (X^*,ρ^*) 是唯一的，即对于另外满足条件 (1)，(2) 的完备距离空间 (X^{**},ρ^{**})，可以取一个完全一一对应的等距映射

$$f: X^* \to X^{**}$$

即 $\dot{x}, \dot{y} \in X$，$\rho^*(\dot{x},\dot{y}) = \rho^{**}(f(\dot{x}), f(\dot{y}))$.

这时称 (X^*,ρ^*) 为 (X,ρ) 的完备化空间.

证明 仿效康托把有理数集 **Q** 构成实数集的方法，现根据这个原则叙述如下：

首先，在 (X,ρ) 中取所有基本点列 $\mathfrak{x} = \{x_n\}$ 的全体为 $\mathfrak{X}$，对于 $\mathfrak{x} = \{x_n\}$，$\mathfrak{y} = \{y_n\}$，若

$$\lim_{n\to\infty} \rho(x_n, y_n) = 0$$

则令 $\mathfrak{x} \sim \mathfrak{y}$，此处"$\sim$"表示 $\mathfrak{X}$ 中的等价关系. $\mathfrak{X}$ 的商集合记为 $X^* = \mathfrak{X}/\sim$. 凡是对应于 $\mathfrak{x}(\in \mathfrak{X})$ 的元素都用 $\hat{\mathfrak{x}}(\in X^*)$ 来表示.

其次，置 $\rho^*(\hat{\mathfrak{x}},\hat{\mathfrak{y}}) = \lim \rho(x_n,y_n)$，可证 (X^*,ρ^*) 为完备距离空间. 再者，对于 $x \in X$，设

$$\mathfrak{X}=\{x_n\}\quad (x_1=x_2=\cdots=x)$$

并置 $\varphi(x)=\hat{\mathfrak{X}}$,则

$$\rho(x,x')=\rho^*(\varphi(x),\varphi(x'))$$

易证 $\overline{\varphi(X)}=X^*$.

至于唯一性的证明留给读者. 证毕.

2.8　贝尔(Baire)定理　完备距离空间 $(X,\mathfrak{D})$ 是贝尔空间.

证明　设 $E=\bigcup\limits_{n=1}^{\infty}E_n$, $(\overline{E}_n)^\circ=\varnothing(n=1,2,\cdots)$ 为 X 的第一类集合,现在要证 $X\backslash E$ 为处处稠密. 为此只要证,对于任意 $x\in X$, $V(x,\varepsilon)(\varepsilon>0)$ 必含有 $X\backslash E$ 中的点. 因为 $V(x,\varepsilon')(0<\varepsilon'<\varepsilon)$ 必含有 $\{E_n\}$ 中某一个集的点,如果不含所有 E_n 的点,则 $V(x,\varepsilon')$ 必含有 $X\backslash E$ 的点,定理就被证明了. 这里,不妨设 $V(x,\varepsilon')$ 含有 E_1 的点. 设 $x_1\in V(x,\varepsilon')\backslash\overline{E}_1$,由于 $\overline{E}_1$ 是疏集合,故存在着 $\varepsilon_1>0$,满足

$$\overline{V(x_1,\varepsilon_1)}\subset V(x,\varepsilon')\backslash\overline{E}_1$$

(在这里不妨取 $0<\varepsilon_1<\dfrac{\varepsilon'}{2}$ 的 ε_1,这是可以的,因为已知有 ε_1 存在,故比它更小的当然也成立). 同样,有

$$\overline{V(x_2,\varepsilon_2)}\subset V(x_1,\varepsilon)\backslash\overline{E}_2\quad \left(0<\varepsilon_2<\frac{\varepsilon'}{4}\right)$$

$$\vdots$$

$$\overline{V(x_n,\varepsilon_n)}\subset V(x_{n-1},\varepsilon_{n-1})\backslash\overline{E}_n\quad \left(0<\varepsilon_n<\frac{\varepsilon'}{2^n}\right)$$

$$\vdots$$

这时不难看出

$$\rho(x_n,x_{n-1})<\frac{\varepsilon'}{2^n}\quad (n=1,2,\cdots)$$

由此可见 $\{x_n\}$ 是一基本列. 由于 X 是完备的,所以 $\lim x_n = y$ 存在. 因为 $y \in \overline{V(x_n, \varepsilon_n)}$ $(n = 1, 2, \cdots)$,且从所作 $V(x_n, \varepsilon_n)$ 的性质(即 $V(x_n, \varepsilon_n)$ 不含 $\bigcup_{n=1}^{n} E_n$ 的点)知

$$y \in X \backslash E$$

其次

$$y \in \overline{V(x, \varepsilon')} \subset V(x, \varepsilon)$$

证毕.

§3 距离空间的构成

让我们来叙述一下从已知距离空间导出新的距离空间的方法.

3.1 在 n 维欧几里得空间 $\mathbf{R}^n$ 可以定义若干互不相同的距离函数,那就是:对于 $x = \{x_1, \cdots, x_n\}$, $y = \{y_1, \cdots, y_n\}$,置:

(1) $\rho^{(\infty)}(x, y) = \| x - y \|_\infty$, $\| x \|_\infty = \max\limits_{i=1,\cdots,n} |x_i|$.

(2) $\rho^{(1)}(x, y) = \| x - y \|_1$, $\| x \|_1 = \sum\limits_{i=1}^{n} |x_i|$.

(3) $\rho^{(2)}(x, y) = \| x - y \|_2$, $\| x \|_2 = \left\{ \sum\limits_{i=1}^{n} |x_i|^2 \right\}^{\frac{1}{2}}$.

(4) 设 $1 \leqslant p < \infty$,置

$$\rho^{(p)}(x, y) = \| x - y \|_p$$

$$\| x \|_p = \left\{ \sum_{i=1}^{n} |x_i|^p \right\}^{\frac{1}{p}}$$

可把(2),(3)看作是(4)的特殊情形.

$\rho^{(p)}$ 是一距离函数,这可用下面的闵科夫斯基[1]不等式导出来. 为此,先证赫尔德[2]与闵科夫斯基不等式.

在大家熟知的公式

$$|\alpha||\beta| \leqslant \frac{|\alpha|^p}{p} + \frac{|\beta|^q}{q}$$ [3]

(这里 $p>1, q>1$,而 $\frac{1}{p}+\frac{1}{q}=1$,且 $\alpha, \beta \in \mathbf{R}$)中,置

$$\alpha = \frac{|x_i|}{A}, \beta = \frac{|y_i|}{B}, A = \| x \|_p, B = \| y \|_q$$

则得

$$|x_i||y_i| \leqslant \frac{|x_i|^p A}{pA^{p-1}} + \frac{|y_i|^q B}{qB^{q-1}} \quad (i=1,2,\cdots,n)$$

然后,两边从 1 到 n 相加,即得

$$\sum_{i=1}^{n} |x_i y_i| \leqslant \left\{ \sum_{i=1}^{n} |x_i|^p \right\}^{\frac{1}{p}} \left\{ \sum_{i=1}^{n} |y_i| \right\}^{\frac{1}{q}}$$

由此立即得出:

---

① 闵科夫斯基(Minkowski,1864—1909),德国数学家. 1885 年获数学博士学位. ——编者注

② 赫尔德(Hölder,1859—1937),德国数学家,1877 年进入柏林大学学习,1882 年获博士学位,1894 年受聘为柯尼斯堡大学教授. 他在数学分析、函数论、级数论、群论、几何学、数学基础等方面做出了重要贡献. ——编者注

③ 因为 $i^{m-1}<1(t>1,0<m<1) \Rightarrow \int_1^y i^{m-1} \mathrm{d}i < \int_1^y 1 \mathrm{d}i \Rightarrow \frac{y^m-1}{m} < y-1 \Rightarrow y^m - 1 < m(y-1)(y>1, 0<m<1)$. 置 $y=\frac{a}{b}(a>0,b>0) \Rightarrow a^{\frac{1}{p}} b^{\frac{1}{q}} \leqslant \frac{a}{p}+\frac{b}{q}$,再设 $a=|\alpha|^p, b=|\beta|^q$,即得 $|\alpha||\beta| \leqslant \frac{|\alpha|^p}{p}+\frac{|\beta|^q}{q}$. ——编者注

赫尔德不等式

$$\left|\sum_{i=1}^{n} x_i y_i\right| \leqslant \left\{\sum_{i=1}^{n} |x_i|^p\right\}^{\frac{1}{p}} \left\{\sum_{i=1}^{n} |y_i|^p\right\}^{\frac{1}{q}}$$

$$\left(p>1, q>1, \frac{1}{p}+\frac{1}{q}=1\right)$$

先设 $p>1, \frac{1}{p}+\frac{1}{q}=1, x_i \geqslant 0, y_i \geqslant 0$，则

$$\begin{aligned}\sum_{i=1}^{n} |x_i+y_i|^p \leqslant & \sum |x_i||x_i+y_i|^{p-1} + \\ & \sum |y_i||x_i+y_i|^{p-1} \leqslant \\ & \left[\left\{\sum |x_i|^p\right\}^{\frac{1}{p}} + \left\{\sum |y_i|^p\right\}^{\frac{1}{p}}\right] \cdot \\ & \left\{\sum (x_i+y_i)^{(p-1)q}\right\}^{\frac{1}{q}} = \\ & \left[\left\{\sum |x_i|^p\right\}^{\frac{1}{p}} + \left\{\sum |y_i|^p\right\}^{\frac{1}{p}}\right] \cdot \\ & \left\{\sum (x_i+y_i)^p\right\}^{\frac{1}{q}}\end{aligned}$$

用$\left\{\sum |x_i+y_i|^p\right\}^{\frac{1}{q}}$除之，即得：

闵科夫斯基不等式

$$\left\{\sum_{i=1}^{n} |x_i+y_i|^p\right\}^{\frac{1}{p}} \leqslant \left\{\sum_{i=1}^{n} |x_i|^p\right\}^{\frac{1}{p}} + \left\{\sum_{i=1}^{n} |y_i|^p\right\}^{\frac{1}{p}}$$

$$(1<p<\infty)$$

闵科夫斯基不等式对于 $p=1, p=\infty$ 也满足.

上面所定义的许多距离函数是等价的

$$1 \leqslant p \leqslant q \leqslant \infty$$

这可从

$$\rho^{(p)}(x,y) \geqslant \rho^{(q)}(x,y)$$

及
$$\rho^{(\infty)}(x,y) \leqslant n\,\rho^{(1)}(x,y)$$

导出来(参见图 1).

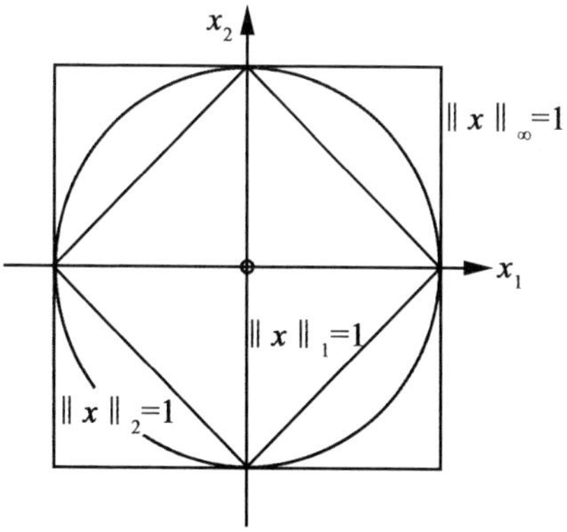

图 1

注　$\lim\limits_{p\to\infty}\|x\|_p=\|x\|_\infty$.

3.2　距离空间$(X_n,\rho_n)(n=1,2,\cdots)$的直积空间 $X=\prod\limits_{n=1}^{\infty}X_n$ 也是距离空间. 譬如,对于

$$x=(x_n),y=(y_n)$$

只要置

$$\rho(x,y)=\sum_{i=1}^{\infty}\frac{1}{2^n}\cdot\frac{\rho_n(x_n,y_n)}{1+\rho_n(x_n,y_n)}$$

就可以了.

特别地,当 $X_n=\mathbf{R}(n=1,2,\cdots)$时,置

$$X=\prod_1^{\infty}R=\{(x_1,x_2,\cdots)\mid x_n\in\mathbf{R}\}$$

就是一例. 现在再举几个关于这样的距离空间的例子.

3.3　设 $l^{(p)}=\{x\mid x\in X,\sum\limits_{n=1}^{\infty}|x_n|^p<+\infty\}(1\leqslant p<\infty)$,若置

$$\rho^{(p)}(x,y)=\|x-y\|_p,\ \|x\|_p=\left\{\sum_{n=1}^{\infty}|x_n|^p\right\}^{\frac{1}{p}}$$

那么,$(l^{(p)},\rho^{(p)})$是完备距离空间.

证明 $(l^p,\rho^{(p)})$为距离空间的证明可由赫尔德不等式与闵科夫斯基不等式导出来,这里所谓赫尔德不等式就是对于$\frac{1}{p}+\frac{1}{q}=1,p>1,q>1,x\in l^{(p)},y\in l^{(q)}$有

$$\left|\sum_{n=1}^{\infty}x_ny_n\right|\leqslant\|x\|_p\cdot\|y\|_q$$

所谓闵科夫斯基不等式就是对于$p\geqslant1,x,y\in l^{(p)}$有

$$\|x+y\|_p\leqslant\|x\|_p+\|y\|_p$$

这两个不等式可完全仿照与 $\mathbf{R}^n$ 空间的情形来证明.

现在来证明 $l^{(p)}$的完备性. 设

$$x^{(n)}\in l^{(p)},\ \lim_{m,n\to\infty}\|x^{(n)}-x^{(m)}\|_p=0$$

(1)对于任意 k,有

$$\lim_{m,n\to\infty}|x_k^{(n)}-x_k^{(m)}|=0$$

从而$\lim\limits_{n\to\infty}x_k^{(n)}=x_k$ 存在.

(2)置 $x=(x_1,\cdots,x_n,\cdots)$,那么有 $x\in l^{(p)}$. 事实上,由于$\{x^{(n)}\}$是 $l^{(p)}$ 的基本列,故存在一个 $K>0$,使得

$$\|x^{(n)}\|_p\leqslant K\quad(n=1,2,\cdots)$$

由此可见,对于任意 k,都有

$$\sum_{i=1}^{k}|x_i|^p=\lim_{n\to\infty}\sum_{i=1}^{k}|x_i^{(n)}|^p\leqslant\overline{\lim}\|x^{(n)}\|^p\leqslant K^p$$

这就是说$\|x\|_p<K$,所以 $x\in l^{(p)}$.

(3)同样,对于 $\varepsilon>0$,存在着 n_0,只要 $m,n>n_0$,便有

$$\|x^{(n)}-x^{(m)}\|_p\leqslant\varepsilon$$

若 $n \to \infty$,就导出 $\|x - x^m\|_p \leq \varepsilon$,那就是说
$$\lim_{n \to \infty} \|x^{(n)} - x\|_p = 0$$
证毕.

3.4 $l^{(\infty)} = \{x \mid x \in X, \sup\{|x_n| \mid n = 1, 2, \cdots\} < +\infty\}$,若置
$$\rho^{(\infty)}(x, y) = \|x - y\|_\infty$$
$$\|x\|_\infty = \sup\{|x_n| \mid n = 1, 2, \cdots\}$$
那么,(l_∞, ρ_∞) 也是完备距离空间(这一点留给读者证明).

下面讨论映射(函数)空间.

3.5 设 $(X, \mathfrak{O})$ 是拓扑空间,(Y, ρ) 是一距离空间,置
$$C(X, Y) = \{f \mid f: X \to Y \text{ 为连续而有界的映射},$$
$$\text{即 } \delta(f(X)) < \infty\}$$
对于 $f, g \in C(X, Y)$,则置
$$\rho_C(f, g) = \sup\{\rho(f(x), g(x)) \mid x \in X\}$$
那么,$(C(X, Y), \rho_C)$ 也是距离空间.

例4 当 Y 为 **R** 的时候,$C(X, Y) = C(X, \mathbf{R})$ 是定义在 X 上的有界实连续函数的全体. 若 $\lim \rho_C(f_n, f) = 0$,则 f_n 一致收敛于 f.

应用实变函数论中的著名定理(一致收敛的连续函数列的极限亦是连续函数)可引出下列定理:

3.6 设 (Y, ρ) 为完备距离空间,则 $(C(X, Y), \rho_C)$ 也是完备距离空间.

下面的定理应用很广:

3.7 阿斯科利 – 阿尔泽拉(Ascoli-Arzela)定理 设 (X, ρ) 为紧的距离空间,置
$$\mathfrak{F} = \{f_\lambda \mid \lambda \in \Lambda\} \subset C(X, \mathbf{R})$$

则$\mathfrak{F}$为完全有界（完全紧，即对于$\mathfrak{F}$的任意无限子序列，可取出关于ρ_C的收敛子序列来）的充分与必要条件是：$\mathfrak{F}$为一致有界而且同程度一致连续.

这里所谓一致有界，意思就是说：存在着一个$N>0$，使得

$$\rho_C(f,0)<N \quad (f\in\mathfrak{F})$$

这里所谓同程度一致连续，意思就是说：对于任意$\varepsilon>0$，可选取$\delta>0$（与$f\in\mathfrak{F}$无关），只要

$$\rho(x,y)<\delta$$

便有

$$|f(x)-f(y)|<\varepsilon \quad (f\in\mathfrak{F})$$

证明 （必要性）设$\mathfrak{F}$为完全有界（完全紧），则对于任意$\varepsilon>0$，可取$f_{\lambda_1},\cdots,f_{\lambda_k}$，使得

$$\mathfrak{F}\subset V(f_{\lambda_1},\varepsilon)\cup\cdots\cup V(f_{\lambda_k},\varepsilon)$$

由此可见，任意$f\in\mathfrak{F}$必定含于某一个$V(f_{\lambda_i},\varepsilon)$，即

$$f\in V(f_{\lambda_i},\varepsilon)$$

所以

$$\rho_C(f,0)\leqslant\rho_C(f_{\lambda_i},0)+\rho_C(f_{\lambda_i},f)\leqslant M+\varepsilon$$

此处

$$M=\sup\{\rho_C(f_{\lambda_i},0)\mid i=1,2,\cdots\}$$

这就证明了$\mathfrak{F}$为一致有界. 由于$f_{\lambda_i}(x)(i=1,2,\cdots,k)$是连续函数，故$f_{\lambda_1},\cdots,f_{\lambda_k}$在$X$上是一致连续的. 由此可知，对于任意$\varepsilon>0$，可选取$\delta>0$，使得当$\rho(x,x')<\delta$时，有

$$|f_{\lambda_i}(x)-f_{\lambda_i}(x')|<\varepsilon \quad (i=1,2,\cdots,k)$$

现在对任意一个$f_\lambda\in\mathfrak{F}$，不妨设$f_\lambda\in V(f_{\lambda_i},\varepsilon)$，则

$$|f_\lambda(x)-f_\lambda(x')|\leqslant|f_\lambda(x)-f_{\lambda_i}(x)|+ \\ |f_{\lambda_i}(x)-f_{\lambda_i}(x')|+$$

$$|f_{\lambda_i}(x') - f_\lambda(x')| < 3\varepsilon$$

这就是说,$\mathfrak{F}$是同程度一致连续的.

(充分性)从$\mathfrak{F}$的一致有界可知,存在着一个 $N > 0$,使得

$$\rho_C(f_\lambda, 0) \leqslant N \quad (f_\lambda \in \mathfrak{F})$$

因此,对于任意一个 $x \in X$,可知 $\{f_\lambda(x) \mid f_\lambda \in \mathfrak{F}\}$ 为有界,而对于任意一个 $x \in X$,都可取收敛子列 $\{f_n(x)\}$. 其次,因为 X 是紧的,故知 X 为可分,即存在着一个

$$A = \{x_1, \cdots, x_n, \cdots\}$$

使得

$$\overline{A} = X$$

由上可知

$$\{f(x_k) \mid f \in \mathfrak{F}\}$$

都有界. 首先考虑 x_1,即 $\{f(x_1) \mid f \in \mathfrak{F}\}$ 为有界,从而可取收敛子列,记为 $\{f_{\lambda_n}^{(1)}(x_1)\}$. 其次,因 $\{f_{\lambda_n}^{(1)}(x_1)\}$ 也为有界,故又可以取一收敛子列,记为

$$\{f_{\lambda_n}^{(2)}(x_2)\}, \cdots$$

依此继续下去,即有

$$\begin{array}{c} f_{\lambda_1}^{(1)}(x_1), f_{\lambda_2}^{(1)}(x_1), \cdots, f_{\lambda_n}^{(1)}(x_1), \cdots \\ f_{\lambda_1}^{(2)}(x_2), f_{\lambda_2}^{(2)}(x_2), \cdots, f_{\lambda_n}^{(2)}(x_2), \cdots \\ \vdots \\ f_{\lambda_1}^{(n)}(x_n), f_{\lambda_2}^{(n)}(x_n), \cdots, f_{\lambda_n}^{(n)}(x_n), \cdots \end{array}$$

我们利用对角线方法,取函数列

$$f_{\lambda_1}^{(1)}(x), f_{\lambda_2}^{(2)}(x), \cdots, f_{\lambda_n}^{(n)}(x_1), \cdots$$

即 $\{f_{\lambda_n}^{(n)}(x)\}(\in \mathfrak{F})$. 由上面的做法,知

$$\lim_{n\to\infty} f_{\lambda_n}^{(n)}(x_k) = a_k \quad (k = 1, 2, \cdots)$$

存在.

现在证 $\lim\limits_{m,n\to\infty}\rho_C(f_{\lambda_m}^{(m)},f_{\lambda_n}^{(n)})=0$. 一方面,因$\mathfrak{F}$是同程度一致连续,故对于任意给定的 $\varepsilon>0$,存在着一个 $\delta>0$,只要 $\rho(x,x')<\delta$,便有

$$|f_\lambda(x)-f_\lambda(x')|<\varepsilon \quad (f_\lambda\in\mathfrak{F})$$

其次,$X=\bigcup\limits_{i=1}^{\infty}V(x_i,\delta)$,按照假设 X 为紧的,故有

$$X=V(x_1,\delta)\cup\cdots\cup V(x_k,\delta)$$

(这里 k 为有限的某一个数). 此外,对于 $x_1,\cdots,x_k$,一定存在着一个 n_0,只要 $m,n\geqslant n_0$,便有

$$|f_{\lambda_m}^{(m)}(x_i)-f_{\lambda_n}^{(n)}(x_i)|<\varepsilon \quad (i=1,2,\cdots,k)$$

这时,对于任意的 $x\in X$,假定 $x\in V(x_j,\delta)(1\leqslant j\leqslant k)$,则当 $m,n\geqslant n_0$ 时,便有

$$\begin{aligned}|f_{\lambda_m}^{(m)}(x)-f_{\lambda_n}^{(n)}(x)|\leqslant&|f_{\lambda_m}^{(m)}(x)-f_{\lambda_m}^{(m)}(x_j)|+\\&|f_{\lambda_m}^{(m)}(x_j)-f_{\lambda_n}^{(n)}(x_j)|+\\&|f_{\lambda_n}^{(n)}(x)-f_{\lambda_n}^{(n)}(x)|<3\varepsilon\end{aligned}$$

即

$$\rho_C(f_{\lambda_m}^{(m)},f_{\lambda_n}^{(n)})\leqslant 3\varepsilon$$

由此可知

$$\lim_{m,n\to\infty}\rho_C(f_{\lambda_m},f_{\lambda_n})=0$$

也就是在$\mathfrak{F}$中可以取出一个基本列$\{f_{\lambda_n}^{(n)}(x)\}$. 故 X 为完全有界(完全紧). 证毕.

一般来讲,所谓在拓扑空间$(X,\mathfrak{D})$定义的实连续函数集$\mathfrak{F}=\{f_\lambda(x)\mid\lambda\in\Lambda\}$,在点 x 同程度连续,意指:对于任意 $\varepsilon>0$,可以取得 x 的一个邻域 U,使得对于所有 $y\in U$,以及所有 $f_\lambda\in\mathfrak{F}$都有 $|f_\lambda(x)-f_\lambda(y)|<\varepsilon$. 此外,$\mathfrak{F}$在 X 的每一点都同程度连续时,则称$\mathfrak{F}$在 X 同程度连续. 与 2.2 一样,设(X,ρ)为紧空间,则$\mathfrak{F}$在 X 同程度连续与$\mathfrak{F}$在 X 同程度一致连续是等价的.

§4 巴拿赫[1]空间,希尔伯特[2]空间

在§3中列举的几个距离空间的例子,其中的大多数不仅是距离空间,而且还是所谓如下的巴拿赫空间.

4.1* 若集合 X 满足下述条件,称 X 为巴拿赫空间.

(1)在 X 中定义加法 $\boldsymbol{x}+\boldsymbol{y}$ 及数积 $\lambda\boldsymbol{x}$(λ 为实数),X 是一向量空间.

(2)对于所有的 $\boldsymbol{x}$,有一个范数(norm) $\|\boldsymbol{x}\|\in\mathbf{R}$ 与之对应,这个范数满足:

1) $\|\boldsymbol{x}\|\geqslant 0$, $\|\boldsymbol{x}\|=0\Leftrightarrow\boldsymbol{x}=\mathbf{0}$(向量空间的 $\mathbf{0}$ 元);

2) $\|\boldsymbol{x}+\boldsymbol{y}\|\leqslant\|\boldsymbol{x}\|+\|\boldsymbol{y}\|$ $(\boldsymbol{x},\boldsymbol{y}\in X)$;

3) $\|\lambda\boldsymbol{x}\|=|\lambda|\,\|\boldsymbol{x}\|$ $(\boldsymbol{x}\in X,\lambda\in\mathbf{R})$;

从而置 $\rho(\boldsymbol{x},\boldsymbol{y})=\|\boldsymbol{x}-\boldsymbol{y}\|$,则 $(\boldsymbol{x},\rho)$ 为距离空间.

(3)(X,ρ) 是完备距离空间.

现举巴拿赫空间的例子如下:

例5 如果欧几里得空间的范数像3.1那样定义 $\|\boldsymbol{x}\|_p(1\leqslant p\leqslant\infty)$ 及 $\|\boldsymbol{x}\|_\infty$,则 $\mathbf{R}^n$ 是以这些为范数

---

① 巴拿赫(Banach,1892—1945),波兰数学家.他是利沃夫数学学派的开创人之一,并引入了赋范线性空间的概念和完备性假设,得到了在现代数学中有重要意义的巴拿赫空间.

② 希尔伯特(Hilbert,1862—1943),德国数学家.他解决了代数不变量问题(1888~1893),还建立了希尔伯特空间理论(1904~1912),并在1918年以后,发展了早期几何基础的工作,形成了“形式主义”这一流派.——编者注

的巴拿赫空间.

例 6 3.3 中的 $l^{(p)}$ $(1\leqslant p<\infty)$ 是以 $\|\boldsymbol{x}\|_p$ 为范数的巴拿赫空间. 此外,3.4 中的 $l^{(\infty)}$ 关于范数 $\|\boldsymbol{x}\|_\infty$ 亦成为巴拿赫空间.

证明 首先,必须证明 $l^{(p)}$ (及 $l^{(\infty)}$) 是一向量空间. 从闵科夫斯基不等式易知,若 $\boldsymbol{x},\boldsymbol{y}\in l^{(p)}$,则

$$\boldsymbol{x}+\boldsymbol{y}\in l^{(p)}\quad(\in l^{(\infty)})$$

其次,若 $\boldsymbol{x}\in l^{(p)}$ $(\in l^{(\infty)})$,那么

$$\lambda\boldsymbol{x}\in l^{(p)}\quad(\in l^{(\infty)})$$

是很显然的了. 至于 4.1* 中(2),(3)的证明已在 3.3 讲过. 证毕.

例 7 设$(X,\mathfrak{O})$为拓扑空间,$C(X)$表示定义在 X 上的有界连续函数的全体. 对于 $f\in C(X)$,置

$$\|f\| = \sup\{|f(\boldsymbol{x})|\,|\,\boldsymbol{x}\in X\}$$

则 $C(X)$ 是以 $\|f\|$ 为范数的巴拿赫空间.

现举不是巴拿赫空间,但有近似于巴拿赫空间性质的例子如下:

例 8 $l=\{\boldsymbol{x}=(x_1,x_2,\cdots,x_n,\cdots)\,|\,x_n\in\mathbf{R}\}=\mathbf{R}^1$,置

$$\|\boldsymbol{x}\| = \sum_{n=1}^{\infty}\frac{1}{2^n}\cdot\frac{|x_n|}{1+|x_n|}$$

则 l 的范数除不满足 4.1 中巴拿赫空间的性质(2)的 3),即

$$\|\lambda\boldsymbol{x}\| = |\lambda|\,\|\boldsymbol{x}\|$$

外,对其他各点全部都满足.

例 9 在 $X=[0,1]$ 中定义的连续函数的全体,记为 $C(X)$,置

$$\|f\|_p=\left\{\int_0^1|f(t)|^p\mathrm{d}t\right\}^{\frac{1}{p}}\quad(1\leqslant p<\infty)$$

则 $C(X)$ 满足 4.1 中巴拿赫空间的性质(1),(2),但不满足性质(3).

巴拿赫空间的实例很多,而且大多容易处理,因此它的性质易于理解,并已在广泛应用. 上面的例8虽然不是巴拿赫空间,但很近似,因此巴拿赫空间的理论中有许多都成立. 例9缺少完备性,依照2.7可使它完备化而成为一个巴拿赫空间. 但不能仅由于抽象的扩大而构成巴拿赫空间,既要考虑不连续函数代替连续函数,也要考虑积分定义扩张的问题,这实际上就是求包含定义在 X 上的函数集合 C 的巴拿赫空间的问题. 要解决这个问题,就需要勒贝格(Lebesgue)积分理论(参看第6章).

在巴拿赫空间中,有所谓希尔伯特空间,那是欧几里得空间的很重要的扩充(有时称为无限维的欧几里得空间).

4.2*　集合 X 如果满足如下的条件(1)~(3),则称为希尔伯特空间(或称广义的欧几里得空间).

(1)X 为向量空间($\lambda\in\mathbf{R}$).

(2)对于 $\boldsymbol{x},\boldsymbol{y}\in X$,定义着一个内积$(\boldsymbol{x},\boldsymbol{y})\in\mathbf{R}$,并满足:

1)$(\boldsymbol{x},\boldsymbol{y})\geqslant 0$,$(\boldsymbol{x},\boldsymbol{x})=0\Leftrightarrow\boldsymbol{x}=\mathbf{0}$(向量空间的 $\mathbf{0}$ 元);

2)$(\boldsymbol{x},\boldsymbol{y})=(\boldsymbol{y},\boldsymbol{x})$;

3)$(\boldsymbol{x}_1+\boldsymbol{x}_2,\boldsymbol{y})=(\boldsymbol{x}_1,\boldsymbol{y})+(\boldsymbol{x}_2,\boldsymbol{y})$;

4)$(\lambda\boldsymbol{x},\boldsymbol{y})=\lambda(\boldsymbol{x},\boldsymbol{y})$;

若置 $\|\boldsymbol{x}\|=\sqrt{(\boldsymbol{x},\boldsymbol{x})}$,那就有范数的性质(4.1*中的(2)),因此 $\rho(\boldsymbol{x},\boldsymbol{y})=\|\boldsymbol{x}-\boldsymbol{y}\|$ 为距离函数.

(3)X 关于距离 ρ 是完备的.

现在我们来证明 $\|\boldsymbol{x}\|=\sqrt{(\boldsymbol{x},\boldsymbol{x})}$ 是一范数. 事实上

$$0\leqslant(\lambda\boldsymbol{x}+\boldsymbol{y},\lambda\boldsymbol{x}+\boldsymbol{y})=\lambda^2(\boldsymbol{x},\boldsymbol{x})+2\lambda(\boldsymbol{x},\boldsymbol{y})+(\boldsymbol{y},\boldsymbol{y})$$

右边是 λ 的二次式. 因此,有判别式

$$(\boldsymbol{x},\boldsymbol{y})^2-(\boldsymbol{x},\boldsymbol{x})(\boldsymbol{y},\boldsymbol{y})\leqslant 0$$

即得所谓的施瓦兹①不等式

$$(\boldsymbol{x},\boldsymbol{y})^2\leqslant(\boldsymbol{x},\boldsymbol{x})(\boldsymbol{y},\boldsymbol{y})$$

由此可得

$$\begin{aligned}\|\boldsymbol{x}+\boldsymbol{y}\|^2=(\boldsymbol{x}+\boldsymbol{y},\boldsymbol{x}+\boldsymbol{y})=&\\(\boldsymbol{x},\boldsymbol{x})+2(\boldsymbol{x},\boldsymbol{y})+(\boldsymbol{y},\boldsymbol{y})\leqslant&\\(\|\boldsymbol{x}\|+\|\boldsymbol{y}\|)^2&\end{aligned}$$

即

$$\|\boldsymbol{x}+\boldsymbol{y}\|\leqslant\|\boldsymbol{x}\|+\|\boldsymbol{y}\|$$

通常称希尔伯特空间为无限维的向量空间.

例 10 设 $\boldsymbol{x}=(x_1,x_2,\cdots)$,$\boldsymbol{y}=(y_1,y_2,\cdots)$ 为 $l^{(2)}$ 中的任意两个元素,作关于希尔伯特空间的内积

$$(\boldsymbol{x},\boldsymbol{y})=\sum_{n=1}^{\infty}x_ny_n$$

事实上,上式的右边是收敛的,这可由

$$\sum_{n=1}^{\infty}x_n^2<\infty,\ \sum_{n=1}^{\infty}y_n^2<\infty$$

$$\left|\sum_{n=m}^{r}x_ny_n\right|\leqslant\Big(\sum_{n=m}^{r}x_n^2\Big)\Big(\sum_{n=m}^{r}y_n^2\Big)\to 0\quad(m,r\to\infty)$$

看出来.

关于希尔伯特空间及巴拿赫空间的理论可参看吉田耕作著的《位相解析》(中译本为《泛函分析》). 此外,由于最近广义函数理论的发展,所以除巴拿赫空间外,拓扑线性空间的理论也成为重要的了,这可参看岩村联著的《超函数》(中译本为《广义函数》).

---

① 施瓦兹(Schwarz,1843—1921). 1873 年,他首次得到混合导数等式的证明;给出皮亚诺定理的证明;在《纪念文集》(Festschrift,1885)中论证了范数的施瓦兹不等式. ——编者注

点集的容积与测度[①]

第5章

§1 容 积

1.1 区间和集的容积 设 $i=[a,b)$ 为一半开区间[②],而

$$a=(a_1,\cdots,a_n),b=(b_1,\cdots,b_n)$$

我们把此区间的(初等几何)容积 $|i|$ 定义为数

$$|i|=(b_1-a_1)(b_2-a_2)\cdots(b_n-a_n) \tag{1}$$

如果点集 I(参见图 1)可以表示为有限多个互无公共点的区间 i_v 的和集

$$I=i_1+\cdots+i_k$$

我们即把数

$$|I|=|i_1|+\cdots+|i_k| \tag{2}$$

---

① 本章内容取自 E·卡姆克的《勒贝格-斯蒂尔吉斯积分》.

② 这里不用闭区间而用半开区间,并不至关重要.用半开区间的优点在于:两个半开区间的交集或为空集,或为一同类的区间.

定义为 I 的容积.

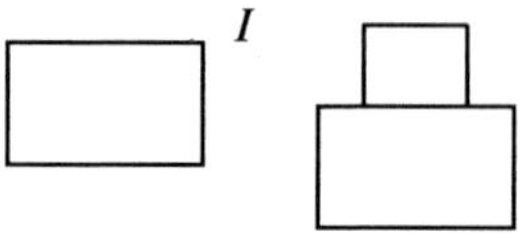

图 1

如果 $$I=\sum_{v=1}^{k} i_v,\ J=\sum_{v=1}^{l} j_v$$

分别是由有限多个不相交的半开区间 i_v, j_v 所给定的集[①],那么我们利用含 i, j 界面的全部平面将全部区间 i, j 分割为半开区间 i', j'. 在此情形下仍有

$$I=\sum i',J=\sum j' \tag{3}$$

每个 i' 与任何一个 j' 或无公共点或互相合同. 另外,每个 i 都是有限多个 i' 的和集,而每个 j 亦为有限多个 j' 的和集. 因此

$$\sum |i|=\sum |i'|,\ \sum |j|=\sum |j'| \tag{4}$$

如果 $I=J$,则全部 i' 即正为全部 j',而且从(4)得到

$$\sum |i|=\sum |j|$$

也就是下面的结论成立:

(1)有限个区间和集的容积,与用不相交的半开区间来表示这和集的方法无关.

根据通过区间 i', j' 来表示 I, J 的式(3),$I+J$ 和 IJ 也同样可以表示为区间 i', j' 的和集,而且:

(2) $|I+J|+|IJ|=|I|+|J|$.

因为在左侧出现于 IJ 中的区间 i', j',在右侧被看成重复出现了两次.

① 可能有 $I=J$,而无须每个 i_v 与任何 j_v 相同.

(3) 如果 $J\subseteq I$,则 $|I-J|=|I|-|J|$.

因为如果仍然利用 I,J 的表示式(3),我们不难看出 $I-J$ 仍为一由不相交的半开区间所组成的和集. 其次,我们在(2)中用 $I-J$ 代替 I 即得本命题的证明.

1.2　有界点集的容积　有界函数 $f(x)\geqslant 0$ 的黎曼积分

$$\int_a^b f(x)\,\mathrm{d}x$$

给出由曲线 $y=f(x)$,x 轴以及纵线 $x=a$ 和 $x=b$ 所围区域的面积. 众所周知,这个积分可以定义如下:我们用一包围此区域的矩形的和集与一完全含于此区域内的矩形的和集来逼近它(见图 2). 这些矩形和集面积的上限与下限即所谓的上积分与下积分为

$$\overline{\int_a^b} f(x)\,\mathrm{d}x,\underline{\int_a^b} f(x)\,\mathrm{d}x$$

如果这两个积分相同,它们的共同值则称为 $f(x)$ 的黎曼积分.

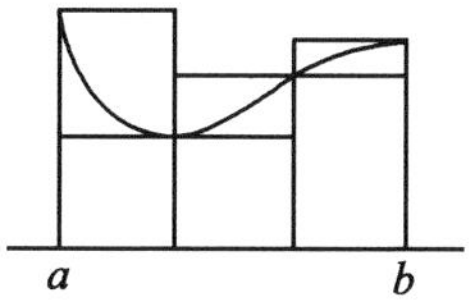

图 2

根据同样原理,可以确定任意有界点集 M 的容积. 我们选取两个由有限多个互不相交的半开区间 i,j 组成的集 I,J,使能满足关系式 $I\supseteq M,J\subseteq M$. 在此情况下,外容积 $\overline{I}(M)$ 与内容积 $\underline{I}(M)$ 由

$$\overline{I}(M)=\inf_{I\supseteq M}|I|,\underline{I}(M)=\sup_{J\subseteq M}|J|$$

定义,并且上、下限是就全部上述类型的区间和集

$I \supseteq M$与 $J \subseteq M$ 而取的. 从定义我们直接推得

$$0 \leqslant \underline{I}(M) \leqslant \overline{I}(M)$$

假如$\underline{I}(M) = \overline{I}(M)$,则 M 称为可求积①,而其共同值称为集 M 的容积 $I(M)$. 空集是被看作可求积的,并规定其容积为 0.

(1)如 $M \subseteq N$,则$\underline{I}(M) \leqslant \underline{I}(N)$与 $\overline{I}(M) \leqslant \overline{I}(N)$.

因为如果 $J \subseteq M, I \supseteq N$,则必然有 $J \subseteq N, I \supseteq M$.

(2)每个区间 i,不论其为半开的或非半开的,按照新定义的容积,等于 1.1 中式(1)确定的容积.

因为对于每个 $\varepsilon > 0$,我们能够作两个半开区间 i_1, i_2,使得 $i_1 \subseteq i \subseteq i_2$,而且按照 1.1 的容积定义有

$$|i_2| - |i_1| < \varepsilon$$

依此并根据(1),我们得

$$\underline{I}(i) = \overline{I} = |i|$$

(3)任何一个由有限多个点所组成的点集或完全落于一个坐标平面 $x_k = c$ 内的有界点集,其容积为 0.

因为这种点集可以用具有任意小容积的区间和集包围起来(在第二种情况下,甚至可以用容积为任意小的一个区间包围起来).

(4)一个有界点集 M 不会由于平行移动而改变其容积$\underline{I}, \overline{I}, I$②.

---

① 或称为按若当(Jordan)意义可测. ——俄译本注

② 更一般地说,集的容积在任何“运动”下均不改变,或换句话说,合同集的容积相等. 我们不引进这一命题的证明,因为我们的目的不在容积的理论,而在勒贝格测度的理论. 关于容积的证明,例如可在 V. Mangoldt-Knopp, Einführung in die höhere Mathematik 3, 9. Aufl., Stuttgart, 1948, 184 页中找到.

因为定义容积时所用的区间集,也整个随着这平行移动而移动,从而并不改变其容积.

(5)如果集 N 是由集 M 经相似变换得来的,也就是点 $x\in M, y\in N$ 之间存在着关系 $y=cx$,而 c 为大于 0 的常数,那么假如 M 有容积,则 N 亦必有容积,而且 $I(N)=c^n I(M)$.

这是由于在变换过程中,x 空间的任何区间 i 都变为 y 空间的一个区间 j,而且 $|j|=c^n|i|$.

1.3 对于有界集 M,N,不等式

$$\begin{aligned}\overline{I}(M+N)+\overline{I}(MN)&\leqslant\overline{I}(M)+\overline{I}(N)\\ \underline{I}(M+N)+\underline{I}(MN)&\geqslant\underline{I}(M)+\underline{I}(N)\end{aligned}\tag{5}$$

成立. 特别地,如果 M,N 可求积,则 $M+N, MN$ 亦必可求积,从而有

$$I(M+N)+I(MN)=I(M)+I(N)\tag{6}$$

与此同时,如果 $MN=\Lambda$ 或即使仅有 $I(MN)=0$,则可得

$$I(M+N)=I(M)+I(N)\text{①}\tag{7}$$

证明 对于任何 $\varepsilon>0$,按照外容积的定义,有由半开区间组成的集 I,J,能使

$$I\supseteq M, J\supseteq N, |I|<\overline{I}(M)+\varepsilon, |J|<\overline{I}(N)+\varepsilon$$

依此并根据 1.1(2),我们得

$$|I+J|+|IJ|<\overline{I}(M)+\overline{I}(N)+2\varepsilon\tag{8}$$

另一方面,由于 $I+J, IJ$ 仍为区间和集,而且

$$I+J\supseteq M+N, IJ\supseteq MN$$

---

① 集函数 $\Phi(M)$ 称为可加集函数,如果当 $MN=\Lambda$ 时,有 $\Phi(M+N)=\Phi(M)+\Phi(N)$. 因此,由式(7)可知,集的容积在集为可求积时是可加集函数.

按照外容积定义,则由式(8)可得

$$\bar{I}(M+N)+\bar{I}(MN)<\bar{I}(M)+\bar{I}(N)+2\varepsilon$$

因为 $\varepsilon>0$ 是任意的,故不等式(5)中第一个即告成立.

如果我们适当选取 I,J,使得

$$I\subseteq M, J\subseteq N, |I|>\underline{I}(M)-\varepsilon, |J|>\underline{I}(N)-\varepsilon$$

成立,则按照同样方法,我们可得不等式(5)中的第二个.

如果 M,N 可求积,(5)中两个不等式的右侧相同. 因此

$$\bar{I}(M+N)+\bar{I}(MN)\leqslant\underline{I}(M+N)+\underline{I}(MN)$$

但是由于一个集的外容积至少等于其内容积,故左右两侧的相应项相同. 因此,$M+N,MN$ 为可求积,从而式(6)由不等式(5)推得.

由此,我们可得较为一般的结论,即有限多个可求积的集 $M_1,M_2,\cdots,M_k$ 的和集与交集都为可求积. 特别地,区间和集也是可求积的,并且按着此刻容积的定义,它的容积与由 1.1 给出的容积是一致的. 但对于可数无限多个可求积的集,则其和集就不一定是可求积的. 例如,在 R_1 中每个由一真分数 r 所组成的集 $\{r\}$,其容积为 0,但其和集于 $[0,1]$ 中稠密,和集的内容积为 0,而外容积为 1.

1.4 假如 M 有界且 $N\subseteq M$,则

$$\begin{aligned}\underline{I}(M)-\bar{I}(N)\leqslant\underline{I}(M\backslash N)\leqslant\\ \bar{I}(M-N)\leqslant\\ \bar{I}(M)\backslash\underline{I}(N)\end{aligned}\tag{9}$$

因此,如果 M,N 可求积,则 $M\backslash N$ 亦可求积,而且

$$I(M\backslash N)=I(M)-I(N) \tag{10}$$

证明　对于任何 $\varepsilon>0$,必有由半开区间所组成的集 I,J,能使

$$I\supseteq M, J\subseteq N$$

以及
$$|I|-\bar{I}(M)<\varepsilon, \underline{I}(N)-|J|<\varepsilon$$

在此情形下,$M\backslash N\subseteq I\backslash J$,从而我们有

$$\bar{I}(M\backslash N)\leqslant\bar{I}(I\backslash J)=|I|-|J|<$$
$$\bar{I}(M)-\underline{I}(N)+2\varepsilon$$

这对于任何的 $\varepsilon>0$ 均成立,从此我们即得式(9)的第二部分. 依照这种情形,我们不难推得式(9)的第一部分.

作为可求积的集,到此刻止,我们所知道的不过是区间或由可数多个区间组成的集而已. 为此我们补充下述定理:

1.5　以 r 为半径的开球与闭球均可求积,并且在 R_n 中其容积为 $\Omega_n r^n$,这里 Ω_n 是以 1 为半径的球的容积①.

证明　如果我们已经证明了以 1 为半径的球可求积,而且如果以 Ω_n 记其容积时,则由 1.2 中(5)可知,半径为 r 的球亦必可求积,且容积为 $\Omega_n r^n$.

由于半径为 1 的球的内、外容积都存在,我们仅需证明这两个量的差可以小于一个任意小的正数,或证明对于任何一个 $\varepsilon>0$,恒有一容积小于 ε 的区间集能

① 数 Ω_n 在此不加计算,但可以证明

$$\Omega_n=\frac{\pi^{\frac{n}{2}}}{\Gamma\left(\frac{n}{2}+1\right)}$$

够包围此球面. 我们只就区域 $x_1 \geqslant 0, \cdots, x_n \geqslant 0$ 中的部分球面(球面的$\frac{1}{2^n}$)来证明就够了. 为此目的,我们用区间

$$i: \frac{p_v - 1}{k} \leqslant x_v \leqslant \frac{p_v}{k} \quad (v = 1, \cdots, n-1)$$

(其中 k 与 p_v 为自然数)来覆盖坐标平面 $x_n = 0$,并且观察“棱柱体”(参见图 3)

$$\frac{p_v - 1}{k} \leqslant x_v \leqslant \frac{p_v}{k} \quad (v = 1, \cdots, n-1, 0 \leqslant x_n < \infty)$$

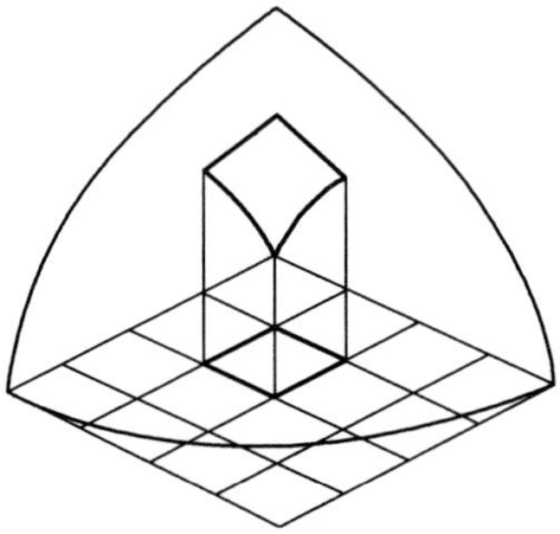

图 3

这个棱柱体至多在 $1 \leqslant p_v \leqslant k$ 范围内才会和上述球面的部分有共同点. 假如 x 是这样的点,则有

$$x_n^2 = 1 - \sum_{v=1}^{n-1} x_v^2 \begin{cases} \leqslant 1 - \frac{1}{k^2} \sum_{v=1}^{n-1} (p_v - 1)^2 \\ \geqslant 1 - \frac{1}{k^2} \sum_{v=1}^{n-1} p_v^2 \end{cases}$$

因此,假如 $x, \bar{x}$ 是两个这样的点,则由于 $p_v \leqslant k$,故

$$|x_n^2 - \bar{x}_n^2| \leqslant \frac{1}{k^2} \sum_{v=1}^{n-1} \{p_v^2 - (p_v - 1)^2\} =$$

$$\frac{1}{k^2}\sum_{v=1}^{n-1}(2p_v-1)<\frac{2n}{k}$$

由此推得①

$$|x_n-\bar{x}_n|<\sqrt{\frac{2n}{k}}$$

因此球上属于棱柱体之点，落于 R_n 中以 i 为底与高小于$\sqrt{\frac{2n}{k}}$的区间之中. 这个区间的容积小于$\frac{1}{k^{n-1}}\sqrt{\frac{2n}{k}}$. 由于满足条件

$$1\leqslant p_v\leqslant k\quad (v=1,\cdots,n-1)$$

的区间 i 有 k^{n-1} 个，故 R_n 中上述区间集之容积小于$\sqrt{\frac{2n}{k}}$，因此容积当 k 充分大时即小于 ε.

作为容积概念的应用，我们证明下述定理：

1.6　如果$f(x)$是区间 $i=[a,b]$上的有界函数，则黎曼积分②

$$\int_i f(x)\,\mathrm{d}x$$

存在的充分必要条件是：对于任何 $\eta>0$，$f(x)$的振幅不小于 η 的点所组成之集的容积为 0.

证明　首先假设积分存在，而 $\eta>0$，$\varepsilon>0$ 为任意给定的数. 由于积分存在，于是有一个 i 的分割法，将它分为有限多个子区间 i_v，使得如以 $\sigma(i_v)$表示$f(x)$

---

① 实际上，因为 $x_n\geqslant 0$，$\bar{x}_n\geqslant 0$，故

$$|x_n-\bar{x}_n|\leqslant x_n+\bar{x}_n$$

$$|x_n-\bar{x}_n|^2\leqslant |x_n-\bar{x}_n|(x_n+\bar{x}_n)=|x_n^2-\bar{x}_n^2|$$

② 这个积分也记为

$$\int_i f(x_1,\cdots,x_n)\,\mathrm{d}x_1\cdots\mathrm{d}x_n$$

在 i_v 中的振幅时，有

$$\sum |i_v|\sigma(i_v) < \eta\varepsilon$$

成立. 如果某区间 i_v 至少有一内点可使振幅不小于 η，将此区间记为 j_v，那么就有

$$\sum |j_v|\sigma(j_v) < \eta\varepsilon$$

由于每个 j_v^* 至少有一个使振幅不小于 η 的内点，因而 $\sigma(j_v) \geqslant \eta$，所以

$$\sum |j_v| < \varepsilon$$

另外，在这些有限多个 i_v 的边界上，还可能有振幅不小于 η 的点存在. 根据 1. 2 中(3)区间边界的容积为 0，所以此类点所组成之集的容积为 0. 因此，对于任意 $\varepsilon>0$，$f(x)$之振幅不小于 η 的点所组成之集的外容积小于 ε，也就是说容积为 0.

反之，我们现在假设振幅不小于$\frac{\varepsilon}{3|i|}$的点所组成之集的容积为 0. 这个集可被包围在容积任意小的一个区间和集之内，因而也就能够用有限多个开区间 i_v^* 来覆盖，使得

$$\sum |i_v^*| < \frac{\varepsilon}{4A} \tag{11}$$

成立，其中 $A=\max|f(x)|$. 从而可知

$$J = i - i \sum i_v^*$$

为闭集，而且对于 J 的每个点 $f(x)$ 的振幅都小于$\frac{\varepsilon}{3|i|}$. 于是，我们通过 i_v^* 的边界面将 i 加以分割，而且还要求此分割充分地细. 因而，我们能做到属于 J 的子区间 j_v 的振幅小于$\frac{\varepsilon}{2|i|}$. 对于其余的子区间 i_v，如以 i_v 代替

i_v^*,式(11)当然成立. 因此

$$\sum |i_v| \cdot \sigma(i_v) + \sum |j_v| \cdot \sigma(j_v) < \frac{\varepsilon}{4A} \cdot 2A + |i| \cdot \frac{\varepsilon}{2|i|} = \varepsilon$$

所以积分存在.

我们还要补充一些有关集的可数性与其容积之间的关系的附注.

(1)当一个集可数时,它不一定就有容积,这一点已于1.2中提到.

(2)当一个可数集有容积时,这个容积即为0. 因为当容积大于0时,内容积亦为正,因而就有一个属于此集的点所作成的区间. 这个集就不会是可数的了.

(3)当一个集不可数时,它的容积也可能为0. 这方面的一个例子,就是康托的无处稠密的完备集. 为了作出这个集,当时我们从区间[0,1]中取出正中的$\frac{1}{3}$(第1步),从其余的部分里分别再取出其正中的$\frac{1}{3}$(第2步). 从开始到k步所取出的区间全体总长为

$$\frac{1}{3} + \frac{2}{3} \cdot \frac{1}{3} + \left(\frac{2}{3}\right)^2 \cdot \frac{1}{3} + \cdots + \left(\frac{2}{3}\right)^{k-1} \cdot \frac{1}{3} = 1 - \left(\frac{2}{3}\right)^k$$

此时所余的闭区间覆盖康托集,且其全长为$\left(\frac{2}{3}\right)^k$,而此值随$k$的增大可变得任意小.

具有根本意义的是,集的可求积性也可能单独地用外容积来定义.

1.7　有界集M当且仅当

$$\inf_{I \supseteq M} \bar{I}(I \backslash M) = 0 \tag{12}$$

时才是可求积的,并且求下限时需取遍全部的区间和集$I \supseteq M$.

证明 如果集 M 有容积，也就是 $\bar{I}(M)=\underline{I}(M)$，则对于任何 $\varepsilon>0$，有由分离的半开区间所组成的和集 I, J，满足

$$I\supseteq M, J\subseteq M \text{ 及 } |I|-|J|<\varepsilon$$

集 $I\backslash J$ 仍然是由半开区间所组成的和集（参看 1.1(3)），而且 $I\backslash M\subseteq I\backslash J$. 从而，有

$$\bar{I}(I\backslash M)\leqslant\bar{I}(I\backslash J)=I(I)-I(J)=|I|-|J|<\varepsilon$$

因此式(12)成立.

反之，如果式(12)成立，对于任何 $\varepsilon>0$，即有一个区间和集 $I\supseteq M$，满足

$$\bar{I}(I\backslash M)<\varepsilon$$

而且还另有一个区间和集 $J\supseteq I\backslash M$，满足

$$|J|<\bar{I}(I\backslash M)+\varepsilon<2\varepsilon$$

在此情形下，有

$$I\backslash IJ\subseteq M$$

且

$$\underline{I}(M)\geqslant\underline{I}(I\backslash IJ)\geqslant|I|-|J|>\bar{I}(M)-2\varepsilon$$

因为 $\varepsilon>0$ 是任意的，所以 $\underline{I}(M)=\bar{I}(M)$.

注 在这里所阐述的容积概念，乃导源于皮亚诺(Peano)和若当. 由于其与黎曼积分的密切联系，我们也称它为黎曼容积.

§2 测 度

2.1 本节内容概述 黎曼容积诚然是矩形面积和平行六面体容积的自然推广，然而这个概念即使对于结构比较简单的集，如对于许多开集，已不适用. 我

们把全部真分数写成一序列 $r_1, r_2, r_3, \cdots$，并且对于每个 r_v 都作一个以 r_v 为中心、长为 $2^{-v}\varepsilon$ 的开区间 j_v；在这里我们还要将伸出于开区间 $(0,1)$ 外部的部分除去. 由于这些区间是开的，它们的和集 M 也仍然是开的. 如果 $i_1, i_2, \cdots, i_k$ 是由含于 M 中的分离区间所组成的集，则①有

$$|i_1| + \cdots + |i_k| \leqslant \sum |j_v| = \varepsilon$$

因此 $\underline{I}(M) < \varepsilon$. 另一方面，$M$ 是 $[0,1]$ 中的稠密集，因为含于 M 内的全部真分数所组成的集已具有这一性质，因此 $\overline{I}(M) = 1$. 所以只要选取 $\varepsilon < 1$，即知集 M 是不可求积的.

然而，关于开集，以及概括地说来，关于可以表示为可数多个分离区间 i_v 的和集那样的集，容积概念的推广则很明显：我们把单个区间容积之和 $\sum |i_v|$ 作为这个集的容积或测度.

如果 M 是一个任意的集，那么我们就不可能用有限多个区间把它覆盖起来，而必须用可数无限多个区间来覆盖，或者考虑开集 $G \supseteq M$ 则更具优点，并且把集 M 的外容积或外测度理解为所有这种开集的容积或测度的下限. 此时，如果集 M 满足 1.7 的条件，我们就说集 M 是可测的.

但对于通常与勒贝格积分一起导入的勒贝格－斯蒂尔吉斯积分来说，我们需将以上所述做某些推广.

于是，我们从一个任意的度量出发，也就是首先给所有个别区间任意规定一容积，因此起初完全任意的度量（区间函数）只受少数条件的限制. 对于这个推广也只需要补充比较少的一些说明.

---

① 严格的证明见后文 2.2 的辅助定理中.

所述的推广还可以通过物理问题来引入. 例如,一个具有非均匀密度的物体的质量,可以用下面的方法得到. 我们设想把这个物体分割成一族充分小的正立方体,把每个正立方体的容积乘以相应的密度,并作所有这些乘积的和. 这样,每个正方体都被赋予了一个测度,测度在这里就是它的物理质量,而且这个测度并不一定和它的体积成比例. 更进一步,在力学中我们还要时常遇到所谓质点,也就是具有正质量的点. 此处所谓的质量,即我们所设想的凝聚于该点的质量. 上述所有情况都包括在以下所讨论的关于测度的一般概念中.

2.2　度量(度量函数)

(1)在 R_n 中假设给定了一个开集 S 当作基本区域(基本集). 在这里我们仅仅考虑落于 S 内的闭区间 $i=[a,b]$,而且假定 $a\leqslant b$(包括等号在内). 显然,n 维区间可能变成较小维数的区间,而且甚至可以 $i=\Lambda$. 如果对每个这样的区间 i 都赋予一个数 $\varphi(i)$,我们就说在 S 上给定了一个区间函数 $\varphi(i)$. 如果 i 为两个分离闭区间 i_1,i_2 的和集(参见图4),且有

$$\varphi(i)=\varphi(i_1)+\varphi(i_2) \tag{1}$$

那么,此区间函数即称为可加的.

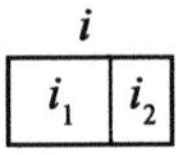

图4

由此得出:当 j 为退化区间或空集时,$\varphi(j)=0$. 因为此时 j 与 j 自己无属于 R_n 中的共同内点,故为分离的两个集. 因此

$$\varphi(j)+\varphi(j)=\varphi(j)$$

从而

$$\varphi(j)=0$$

如果 y 为区间 i 的内部点或边界点,那么通过 y

而平行于坐标平面的全部平面,将 i 分割成有限多个子区间 $i_1,\cdots,i_k$(参见图5),并且对于任何一个可加的区间函数,都有

$$\varphi(i)=\sum\varphi(i_v) \tag{2}$$

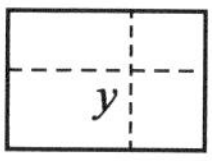

图5

因为我们能够将分割按顺序进行,使每次仅有一个新的平面出现,所以开始有

$$i=j_1+j_2$$

其次,有

$$j_v=j_{v1}+j_{v2}\quad(v=1,2)$$

依此类推,以至 $i_1,\cdots,i_k$ 全部求得为止. 于是,根据式(1)有

$$\varphi(i)=\varphi(j_1)+\varphi(j_2)=\sum_{p,q}\varphi(j_{pq})=\cdots$$

直到获得式(2)的右侧为止.

(2)如果在 S 上给定了一个点函数 $\varphi(x)$,那么我们能够按照以下方法得一可加的区间函数:如果 $i=[a,b]$ 为一闭区间,而

$$a=(a_1,\cdots,a_n),b=(b_1,\cdots,b_n)$$

我们即令

$$\varphi(i)=\sum_c(-1)^{v(c)}\varphi(c) \tag{3}$$

其中 $c=(c_1,\cdots,c_n)$ 遍历 i 的全部端点(即所有使 $c_k=a_k$ 或 $c_k=b_k(1\leqslant k\leqslant n)$ 的点),而 $v=v(c)$ 是出现于 c 中分量 a_k 的个数.

显然,我们通过作通常的几何容积

$$|i|=\prod_{v=1}^{n}(b_v-a_v)=\sum(-1)^v c_1\cdots c_n$$

$(c_k = a_k$ 或 $b_k)$，并以 $\varphi(c_1, \cdots, c_n)$ 来代替 $c_1 \cdots c_n$，就可求得式(3). 有时我们也利用记号

$$\varphi(i) = [\varphi(x)]_a^b$$

例如

$$n = 1, \varphi(i) = \varphi(b) - \varphi(a)$$

$$n = 2, \varphi(i) = \varphi(b_1, b_2) - \varphi(b_1, a_2) - \varphi(a_1, b_2) + \varphi(a_1, a_2)$$

从式(3)得出递推公式

$$\varphi(i) = \sum_{c_1, \cdots, c_{n-1}} (-1)^{v(c_1, \cdots, c_{n-1})} \{\varphi(c_1, \cdots, c_{n-1}, b_n) - \varphi(c_1, \cdots, c_{n-1}, a_n)\} \tag{4}$$

其中，$c_1, \cdots, c_{n-1}$ 遍历 $c_k = a_k$ 或 $c_k = b_k (1 \leqslant k \leqslant n-1)$ 的全部数系. 因为在式(3)的每个项中 $c_n = a_n$ 或 b_n，而且

$$v(c_1, \cdots, c_{n-1}, b_n) = v(c_1, \cdots, c_{n-1})$$

$$v(c_1, \cdots, c_{n-1}, a_n) = v(c_1, \cdots, c_{n-1}) + 1$$

于是，从式(3)直接推得式(4).

当然，一个相对应的公式不但对于第 n 个分量有效，而且对于每个其他的分量，也是有效的.

依此我们得出结论：通过式(3)定义的区间函数是可加的. 因为假如 i(参见图 6)为两个分离区间的和集，例如它们共有平面 $x_n = \beta$，即

$$i = i_1 + i_2$$

其中

$$i_1 = [a_1, \cdots, a_n; b_1, \cdots, b_{n-1}, \beta]$$

$$i_2 = [a_1, \cdots, a_{n-1}, \beta; b_1, \cdots, b_n]$$

(或反之亦可). 并且根据式(4)，如果

$$c' = (c_1, \cdots, c_{n-1}), v = v(c')$$

则有

$$\varphi(i_1) + \varphi(i_2) = \sum_{c'} (-1)^v \{\varphi(c', \beta) - \varphi(c', a_n)\} + \sum_{c'} (-1)^v \{\varphi(c', b_n) - \varphi(c', \beta)\} =$$

$$\sum(-1)^{v}\{\varphi(c',b_n)-\varphi(c',a_n)\}=\varphi(i)$$

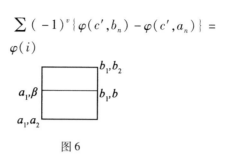

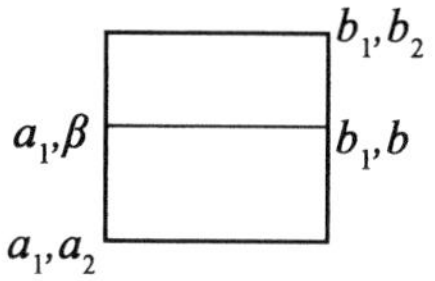

图 6

(3)如果基本区域 S 是一个区间[1],那么反过来,每个可加的区间函数 $\varphi(i)$,亦可通过一个点函数 $\varphi(x)$ 表示为式(3)的形式.

因为,我们首先利用已给的区间函数 $\varphi(i)$,导入一个关于 S 内任意两点 a,b 的点对函数,即令

$$\Phi(a,b)=(-1)^{\mu(a,b)}\varphi(i) \tag{5}$$

在这里 i 为区间

$$i:\min\{(a_v,b_v)\}\leqslant x_v\leqslant\max\{(a_v,b_v)\}\quad(v=1,\cdots,n)$$

而且 μ 为分量 $a_v>b_v$ 的个数.

假如交换 a,b 中两分量 a_k 与 b_k,而且 $a_k\neq b_k$ 时[2],那么显然 i 并无改变,而 μ 则有增 1 或减 1 的变化. 假如 $a_k=b_k$,那么 $i=[a,b]$ 即退化. 而根据对于式(1)的有关说明,则 $\varphi(i)=0$. 如果以 $\bar{a},\bar{b}$ 记新得的两点,那么在任何场合都有

$$\Phi(\bar{a},\bar{b})=-\Phi(a,b) \tag{6}$$

如果我们固定两个点的最初 $n-1$ 个分量

---

① 特别地,这种区间也可能是半空间,甚至是全空间 R_n.

② 即是作新的点对 $\bar{a}(\bar{a}_1,\cdots,\bar{a}_n)$,$\bar{b}(\bar{b}_1,\cdots,\bar{b}_n)$,其中 $\bar{a}_k=b_k$,$\bar{b}_k=a_k$. 而当 $v\neq k$ 时,$\bar{a}_v=a_v$,$\bar{b}_v=b_v$. ——俄译本注

$$a' = (a_1, \cdots, a_{n-1}), b' = (b_1, \cdots, b_{n-1})$$

则

$$\Phi(a',\alpha;b',\beta) + \Phi(a',\beta;b',\gamma) + \Phi(a',\gamma;b',\alpha) = 0 \quad (7)$$

为了证明这个公式，我们可以假定当 $v < n$ 时，$a_v \leqslant b_v$. 事实上，如果公式在这种情形被证明了，其他的情形就不难通过交换分量 a_v 与 b_v 而求得. 因为根据式(6)，对于公式中的三个项都产生同样的符号变化，所以在分量交换时公式始终保持它的正确性. 其次，我们同样可以选取 α, β, γ，使 $\alpha \leqslant \beta \leqslant \gamma$. 此时由于式(5)以及 $\varphi(i)$ 的可加性，故

$$\begin{aligned}\Phi(a',\alpha;b',\gamma) = {} & \varphi([a',\alpha;b',\gamma]) = \\ & \varphi([a',\alpha;b',\beta]) + \\ & \varphi([a',\beta;b',\gamma]) = \\ & \Phi(a',\alpha;b',\beta) + \Phi(a',\beta;b',\gamma)\end{aligned}$$

根据式(6)知，左侧等于 $-\Phi(a',\gamma;b',\alpha)$. 因此，式(7)已被证明.

当然，当固定的不是最初的 $n-1$ 个分量而为任意 $n-1$ 个分量时，相应的公式(7)是同样成立的.

假定 a, b 与 s 为 S 中的任意点，则从公式(7)推得

$$\Phi(a,b) = \Phi(a',a_n;b',s_n) + \Phi(a',s_n;b',b_n) \quad (8)$$

这个公式，即使不固定最初的 $n-1$ 个分量而固定其他任意的 $n-1$ 个分量时，仍然是有效的. 我们现在应用这个公式于其右侧的各项，并重复这一方法. 于是，我们最后得到

$$\Phi(a,b) = \sum \Phi(c,d)$$

其中，求和需遍及全部具有 $c_v = a_v, d_v = s_v$ 或 $c_v = s_v$，$d_v = b_v$ 的项. 其次，我们交换在每个项 $\Phi(c,d)$ 中出现于 c 中的分量 a_v 与出现于 d 中的分量 s_v，我们根据式

(6)即得

$$\Phi(a,b)=\sum(-1)^{v(c)}\Phi(s,c) \tag{9}$$

其中,求和需遍及全部具有 $c_v=a_v$ 或 b_v 的项,而 $v(c)$ 在此仍为出现于 c 中的分量 a_v 的个数. 现在,如以 $\varphi(x)=\Phi(s,x)$ 定义一个点函数 φ,而 i 为区间 $[a,b]$ 时,则

$$\Phi(a,b)=\varphi(i)$$

而表达式(3)由式(9)推出[①].

(4)一个可加的区间函数 $\varphi(i)$,如对于每个闭区间 $i\subseteq S$,有 $\varphi(i)\geqslant 0$,则称为正的或单调增加的[②]. 一个点函数 $\varphi(x)$,当由式(3)所表示的区间函数 $\varphi(i)$ 单调增加时,称为单调增加的. 一个可加的单调增加的区间函数简称单调的或正的度量函数,亦简称单调的或正的度量. 一个点函数,当与它对应的区间函数 $\varphi(i)$ 为单调度量函数时,称为单调度量函数.

(5)如果

$$\varphi(i)=\sum\varphi_v(i) \tag{10}$$

为有限多个正的度量函数之和或为收敛的无限多个正的度量函数之和,那么 $\varphi(i)$ 也必为一个单调的度量函数. 当

$$\varphi(x)=\sum\varphi_v(x)$$

收敛,而且每个 $\varphi_v(x)$ 为单调的度量函数时,$\varphi(x)$ 亦必为单调的度量函数;又此时对于与之对应的区间函

---

① 为了更好地了解这个相当复杂的讨论,建议读者就 $n=2$ 的情况来计算一下. ——俄译本注

② 这里的第二个名称可在(6)中找到说明.

数,式(10)同样成立①. 这可由(1),(4)中的定义与公式(3)直接推得.

(6)如果 i,j 为闭区间并且 $i\subseteq j$,则对于每个单调的度量函数有 $\varphi(i)\leqslant\varphi(j)$.

因为,通过含有 i 的界平面的全部平面,j 即被分割成为有限多个区间 $j=i+i_1+\cdots+i_k$(参见图 7). 根据(1),并由于每个 $\varphi(i_v)\geqslant 0$,故

$$\varphi(j)=\varphi(i)+\sum\varphi(i_v)\geqslant\varphi(i)$$

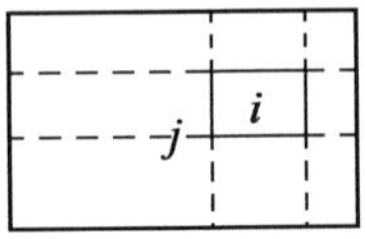

图 7

(7)假设

$$x=(x_1,\cdots,x_p),y=(y_1,\cdots,y_q)$$
$$z=(x,y)=(x_1,\cdots,x_p,y_1,\cdots,y_q)$$

分别为 R_p,R_q,R_{p+q} 中的点;其次假设 S_p,S_q 分别为 R_p,R_q 中的基本开集;$S_{p+q}=S_p\times S_q$ 为集 S_p,S_q 的笛卡儿(Descartes)乘积,即点 $z=(x,y)(x\in S_p,y\in S_q)$所组成的集. 那么,$S_{p+q}$即组成 R_{p+q}中的开集,而且我们通过

$$k=i\times j$$

求得 S_{p+q}中的全部区间 k. 于是,i,j 需遍历 S_p,S_q 中的全部区间.

如果 $\varphi(i),\psi(j)$为 S_p,S_q 上可加的区间函数,则

$$\chi(k)=\chi(i\times j)=\varphi(i)\psi(j)$$

① 如果在 R_1 中 $\varphi_v(x)=v$,则 $\Sigma\varphi_v$ 发散,但每个 $\varphi_v(i)=0$. 因此,(5)中的第一部分结论比第二部分更具一般性.

即为 S_{p+q} 上可加的区间函数. 而且，显然当 φ,ψ 为正时，这个函数也是正的. 假如点函数 $\varphi(x)$，$\psi(y)$ 为 S_p，S_q 上的单调度量函数，则

$$\chi(z)=\varphi(x)\psi(y)$$

即为 S_{p+q} 上的单调度量函数.

事实上，如果 $k=k_1+k_2$ 为 S_{p+q} 中两个分离区间的和集，则 k_1,k_2 共有一个平面 $x_\lambda=\alpha$ 或 $y_\lambda=\alpha$. 在第一种情形下，第二种情形的做法亦与此相同，即区间 i 被此平面分割成为两个分离的区间 i_1,i_2，于是

$$k=k_1+k_2=i_1\times j+i_2\times j$$

因此

$$\begin{aligned}\chi(k)=\varphi(i)\psi(j)=[\varphi(i_1)+\varphi(i_2)]\psi(j)=\\ \varphi(i_1)\psi(j)+\varphi(i_2)\psi(j)=\\ \chi(k_1)+\chi(k_2)\end{aligned}$$

即 $\chi(k)$ 为可加的函数.

为了证明命题的第二部分，我们考虑区间 k

$$a_v\leqslant x_v\leqslant b_v\quad(v=1,\cdots,p)$$
$$a_v'\leqslant y_v\leqslant b_v'\quad(v=1,\cdots,q)$$

如果 i 为最初的 p 个不等式所决定的区间，而 j 为后面 q 个不等式所决定的区间，则根据式(3)可得

$$\chi(k)=\sum_{c,c'}(-1)^{v(c,c')}\chi(c,c')$$

其中，(c,c') 遍历 k 的全部端点，而 $v(c,c')$ 为出现于 c,c' 中的全部分量 a_λ,a_λ' 的个数，所以

$$v(c,c')=v(c)+v(c')$$

因此

$$\begin{aligned}\chi(k)=\sum_{c}(-1)^{v(c)}\varphi(c)\sum_{c'}(-1)^{v(c')}\psi(c')=\\ \varphi(i)\psi(j)\end{aligned}$$

而根据第一部分即推知本命题对 $\chi(z)$ 亦真.

(8)几个例子:

1)最为重要的一个例子,就是 $\varphi(x)=x_1x_2\cdots x_n$. 在此情形,根据(2),对于 $i=[a,b]$,有

$$\varphi(i)=\prod_{v=1}^{n}(b_v-a_v)$$

即等于区间 i 的初等几何容积. 我们在讨论测度与勒贝格积分时所利用的仅限于这种度量函数.

2)当每个函数 $\varphi_v(x_v)$ 为单变数 x_v(在通常意义下)的单调增加函数时

$$\varphi(x)=\varphi_1(x_1)\cdots\varphi_n(x_n)$$

为单调的度量函数.

因为根据(2),若 $i=[a,b]$,则有

$$\varphi(i)=\prod_{v=1}^{n}\{\varphi_v(b_v)-\varphi_v(a_v)\}$$

3)设

$$\varphi(x)=\sum_{v=1}^{n}\varphi_v(x)$$

并且 $\varphi_v(x)$ 与分量 x_v 无关. 那么,$\varphi(x)$ 为一个单调的度量函数,而且对于每个区间 i,$\varphi(i)=0$.

因为根据式(4),$\varphi_n(i)=0$,这是由于式(4)中花括弧内的值为 0 的缘故. 同样地,可以推得 $\varphi_v(i)=0$. 因此,根据(5)可知,$\varphi(x)$ 仍为一个单调的度量函数,并且 $\varphi(i)=0$.

为了导入测度,具有根本意义的是下面的辅助定理.

辅助定理 假如 $\varphi(i)$ 是一个单调的度量,其次设 $I=\sum i_v$ 为至多可数多个分离的闭区间的和集,并且 $J=\sum j_v$ 为至多可数多个(并非必然分离的)闭区间的

和集. 最后假设 $I\subseteq J$,而且每个 i_λ 都可由有限多个 j_v 所覆盖. 在此情形下,有

$$\sum\varphi(i_v)\leqslant\sum\varphi(j_v)$$①

证明　对于一个任意的自然数 k,我们用有限多个区间 $j_1,\cdots,j_l$ 来覆盖区间 $i_1,\cdots,i_k$,现在通过含有 $i_1,\cdots,i_k$ 或 $j_1,\cdots,j_l$ 的界面的所有超平面,把所有的 i_v,j_v 加以分割. 因此,所有的 i_v 被分割成为有限多个(可能更小的)分离的闭区间 k_μ,而根据(1)则有

$$\sum_{v=1}^{k}\varphi(i_v)=\sum\varphi(k_\mu)$$

在这里所有的 j_v 也可能分割成(可能更小的)区间,并且 j_v 的分割同样由所有的 k_μ(这甚至能够重复出现)以及可能不是 k_μ 的其他区间所构成. 然而由于 $\varphi\geqslant 0$,所以与这些区间相对应的项必然大于等于 0. 因而有

$$\sum_{v=1}^{k}\varphi(i_v)\leqslant\sum_{v=1}^{l}\varphi(j_v)$$

所以,对于每个 k,有

$$\sum_{v=1}^{k}\varphi(i_v)\leqslant\sum_{v=1}^{\infty}\varphi(j_v)$$

由于 k 的任意性,因此本辅助定理得证.

推论　如果这两个区间和集 I,J 都由分离区间所构成,并且每个 j_λ 也被有限多个 i_v 所覆盖,则

$$\sum\varphi(j_v)\leqslant\sum\varphi(i_v)$$

亦成立,因此

$$\sum\varphi(j_v)=\sum\varphi(i_v)$$

① 如果右端等于∞,则论断是明显的.——编者注

注 如果每个 i_λ 被有限多个 j_v 所覆盖的假设未得到满足,则辅助定理就不一定成立. 例如,如果 I 仅由一个区间 $i=[-1,1]$ 所构成,而且当 $x<0$ 时,$\varphi(x)=0$;当 $x\geqslant 0$ 时,$\varphi(x)=1$. 我们用下面的方法选取区间 j_v

$$j_0=[0,1],j_v=\left[-\frac{1}{v},-\frac{1}{v+1}\right]\quad(v=1,2,\cdots)$$

那么,$\varphi(i)=1$,而对于每个 $v=1,2,\cdots$,有 $\varphi(j_v)=0$. 因此

$$1=\varphi(i)>\sum\varphi(j_v)=0$$

2.3 若当容度

问题 1 设 S 是 $\mathbf{R}^n$ 中的一个有界集合,且至多有有限多个凝聚点. 试证:$\mu_n(S)=0$(若当测度).

证明 设 $a_1,\cdots,a_m$ 是 S 的有限多个凝聚点. 对于事先给定的 $c>0$,对每一个 a_j,可以选取一个开区间邻域 $U_\delta(a_j)$,使得 $a_j\in U_\delta(a_j)$,且 $\mu_n(U_\delta(a_j))<\frac{\varepsilon}{2m}$.

此外,设 $[A,B]\subset\mathbf{R}^n$ 是一个区间,且有 $S\subset[A,B]$. 因为 S 是有界的,所以存在一个这样的区间.

$[A,B]\setminus\bigcup_{j=1}^{m}U_\delta(a_j)=D$ 是一个有界闭集合. 如果在 D 中含有 S 的点多于有限多个,我们就能够在 D 中确定出一个由 S 的不同的点组成的无限序列. 这个序列在 D 中必然至少具有一个凝聚点 a. 这个凝聚点 a 是 S 的凝聚点. 另一方面,按照构造的方法,$a\neq a_j,j=1,\cdots,m$,这是不可能的. 这就是说,在 D 中只有有限多个点 $s_1,\cdots,s_k\in S$. 对每一个 s_e,选取一个开区间邻域 $U_{\delta'}(s_e)$,使得 $s_e\in U_{\delta'}(s_e)$ 且 $\mu_n(U_{\delta'}(s_e))<\frac{\varepsilon}{2k}$. $U_\delta(a_j)$

与 $U_{\delta'}(s_e)$ 构成 S 的一个覆盖 P，而且有

$$\mu_n(P) < m \cdot \frac{\varepsilon}{2m} + k \cdot \frac{\varepsilon}{2k} = \varepsilon$$

所以，S 是可测的并且若当测度是 0.

问题 2　(1)设 C 是 $\mathbf{R}^n$ 中的一条可化直弧，而 μ_n 是 $\mathbf{R}^n$ 的若当测度. 试证：当 $n>1$ 时，$\mu_n(C)=0$.

(2)设 B 是[0,1]的一切有理数所组成的集合，试证：在 $\mathbf{R}$ 中 B 是不可测的(按若当意义来说).

证明　(1)因为 C 是可化直的，所以 C 具有一个弧长 s. 每一个"部分弧"同样具有一个弧长. 我们现在把 C 分成 k 个长度相等的弧 $C_1, C_2, \cdots, C_k$，就是说 $C = C_1 + C_2 + \cdots + C_k$. 我们把 C_k 的始点叫作 $A_k = (a_{k1}, \cdots, a_{kn})$.

于是 C_j 完全在下列区间之中

$$I_j = \left\{ X \in \mathbf{R}^n \mid \| X - A_j \| \leqslant \frac{\varepsilon}{k} \right\} \quad (j = 1, \cdots, k)$$

I_j 就构成了 C 的一个覆盖，而且由于 $\mu_n(I_j) = \left(\frac{2s}{k}\right)^n$，所以有

$$\mu_n(P) = \sum_{j=1}^{k} \mu_n(I_j) = k \cdot \left(\frac{2s}{k}\right)^n = \frac{(2s)^n}{k^{n-1}}$$

现在设 $\varepsilon > 0$ 是事先给定的. 当 $k = \sqrt[n-1]{\frac{(2s)^n}{\varepsilon}}$，$n>1$ 时，就有 $\mu_n(P) = \frac{(2s)^n}{k^{n-1}} < \varepsilon$，这就是说，$C$ 是可测的，并且若当容度是 0. 当 $n=1$ 时，这个结论不适用；当 $s>0$ 时，这个命题甚至是错误的.

(2)我们选取 B 的一个任意的覆盖 P. 在 P 的每一个 I_k 中，不仅有有理数，而且有无理数，即 $\mu(P^0)$ 等

于 0,因为 P 中没有一个 I_k,使得它只含有 B 的内点. 另一方面,每一个 I_k 含有 B 的点,即 $\mu(P) = \sum \mu(I_k) = \mu(\partial P) \geqslant 1$. 可是这叫作 B 是不可测的,因为可以作出边界覆盖的测度不小于 1.

问题 3 首先做如下定义:一个点 Q 叫作点集序列 $\{B_v\}$ $(B_v \subset \mathbf{R}^n)$ 的极限点,如果在 Q 的每一个邻域中含有无穷多个不同的 B_v 的点. 设 $\{B_v\}$ 是一个由若当容度为 0 的点集合所组成的序列,这些集合全都含在一个区间 $[A,B] \subset \mathbf{R}^n$ 中. 试证: $\bigcup_{v=1}^{\infty} B_v$ 是一个其若当容度等于 0 的可测集合,当且仅当 $\{B_v\}$ 的极限点集合 B^* 是一个若当容度为 0 的可测集合.

证明 (1)设 $\bigcup_v B_v$ 是可测的,而且若当容度等于 0. 于是,对于每一个 $\varepsilon > 0$,存在一个 $\bigcup_v B_v$ 的覆盖 P_ε,使得 $\mu(P_\varepsilon) < \varepsilon$. $\bigcup_{P \in P_\varepsilon} P$ 是一个闭集合,并含有 $\bigcup_v B_v$ 的所有点. 这就是说,B^* 也是属于 $\bigcup_{P \in P_\varepsilon} P$,即在 P_ε 中存在一个子集合 $P_\varepsilon^* \subset P_\varepsilon$,它是 B^* 的覆盖. 由于 $\mu(P_\varepsilon^*) \leqslant \mu(P_\varepsilon) < \varepsilon$,$B^*$ 也是可测的,而且若当容度等于 0.

(2)设 B^* 是可测的,而且若当容度为 0. 这就是说,对于任意一个事先给定的 $\varepsilon > 0$,存在 B^* 的一个覆盖 P^*,而且有

$$B^* \subset \bigcup_{I_v \in P^*} I_v$$

与

$$\sum_{I_v \in P^*} \mu(I_v) < \frac{\varepsilon}{3}$$

再者,$I_v \in P^*$ 的边界点所组成的集合(有时是退化了的区间)是可测的且若当容度为 0. 因为 P^* 只含

有有限多个 I_v，$\bigcup_{I_v\in P^*} I_v=\hat{B}$ 的边界也只含有有限多个退化区间，这就是说，$\mu(\partial\hat{B})=0$. 对于 $\partial\hat{B}$，存在一个由非退化区间组成的覆盖 $\hat{P}$，使得

$$\partial\hat{B}\subset\left(\bigcup_{I_v\in\hat{P}} I_v\right)^0 \text{ 与 } \sum_{I_v\in\hat{P}}\mu(I_v)<\frac{\varepsilon}{3}$$

P 与 P^* 可以扩充成 $I=[A,B]$ 的一个覆盖. 设 $\bar{P}$ 是这些扩充的公共的细分，把 $\bar{P}$ 按下述规则拆成两个子集合 $\bar{P}_1$ 与 $\bar{P}_2$，有 $\bar{P}=\bar{P}_1\cup\bar{P}_2$. 设 $I_{v_1}\cap I_{v_2}=\varnothing$，或者一个退化区间，$I_{v_1}\in\bar{P}_1$，$I_{v_2}\in\bar{P}_2$，以及 $\bigcup_{I_v\in\bar{P}_1} I_v=\left(\bigcup_{I_v\in P^*} I_v\right)\cup\left(\bigcup_{I_v\in\hat{P}} I_v\right)$. 在每一个 $I_\mu\in\bar{P}_2$ 中只含有至多有限多个 B_v 中的点. 因为如果竟然有一个 $I\in\bar{P}_2$，它里面含有无穷多个 B_v 中的点，那么就必然至少有一个点 $Q\in I$，它或者本身属于无穷多个 B_v，或者在每一个任意的邻域还有无穷多个 B_v 的点. 这就是说，Q 就必须属于 B^*. 可是，这是不可能的，因为 B^* 在 $\left(\bigcup_{I_v\in\bar{P}_1} I_v\right)$ 的内部，所以在有限多个 $I_\mu\in\bar{P}_2$ 只含有至多有限多个 B_v 的点，例如，只含有那些满足 $v\in N(\varepsilon)$ 的点. 对于每一个那样的 B_v，选取这样的一个覆盖 P^v，使得 $B_v\in\bigcup_{I_\rho\in P^v} I_\rho$，以及

$$\sum_{I_\rho\in P^v}\mu(I_\rho)<\frac{\varepsilon}{3(N(\varepsilon)-1)}$$

设 $\tilde{P}$ 是有限多个从 $\bar{P},P^1,\cdots,P^{N(\varepsilon)-1}$ 扩充到 $[A,B]$ 而产生的 $[A,B]$ 的覆盖的一个公共细分. $\tilde{P}=\tilde{P}_1\cup\tilde{P}_2$，其中设 $\tilde{P}_1$ 是 $\bar{P}_1$ 的一个细分，$\tilde{P}_2$ 是 $\bar{P}_2$ 的一个细分. 现在，从 $\tilde{P}$ 取出一个子族 P，使得 $P=P_1\cup P_2$，而 P_1 是

$P^* \cup \hat{P}$ 的细分，P 是$(\bigcup_{v=1}^{\infty} B_v) \cup B^*$ 的一个覆盖. 于是有

$$\sum_{I_\rho \in P} \mu(I_\rho) \leqslant \sum_{I_\rho \in P^*} \mu(I_\rho) + \sum_{I_\rho \in \hat{P}} \mu(I_\rho) + \sum_{v=1}^{N(\varepsilon)-1} (\sum_{I_\rho \in P^v} \mu(I_\rho)) \leqslant$$

$$\frac{\varepsilon}{3} + \frac{\varepsilon}{3} + (N(\varepsilon) - 1) \cdot \frac{\varepsilon}{3(N(\varepsilon) - 1)} = \varepsilon$$

因为 P 是 $\cup B_v \cup B^*$ 的一个覆盖，所以 P 更是 $\cup B_v$ 的覆盖. 由于 $\sum\limits_{I_\rho \in P}^{v} \mu(I_\rho) < \varepsilon$，故 $\cup B_v$ 是可测的，而且具有若当容度 0.

§3　开集的测度

我们可知，每个开集 $G \neq \Lambda$ 具有以下性质：

(1) 都可表示为可数多个分离闭区间的和集

$$G = \sum i \qquad (1)$$

因此：

(2) G 的每个有界闭子集可以用有限多个此等区间 i 来覆盖.

以后每个这样的表现都称为 G 的正规表现.

(3) 区间可如此选取，使

$$G = \sum [i) \qquad (2)$$

也同时成立，其中$[i)$是由闭区间 i 得到的半开区间，并且所有相加的项互无公共点.

(4) 我们能够选取两个非空的开集 G_1, G_2 的表现

$$G_1 = \sum i, G_2 = \sum j$$

使任何两个半开区间$[i)$与$[j)$满足下面关系中的一种

$$[i)\cdot[j)=\Lambda,[i)\subseteq[j)\text{或}[j)\subseteq[i)$$

在R_n中，现在我们仍然选定一个开集$S\neq\Lambda$当作基本集. 我们仅考察S中的集. 其次，假设$\varphi(i)$为S上的一个正的度量. 如果和集(1)为开集$G\neq\Lambda$的正规表现，我们即以

$$|G|=|G|_{\varphi}=\sum\varphi(i)$$

定义为G的φ测度或简称为测度. 空集亦被赋予了测度，其测度为0.

这个测度定义与G具有怎样的表现并无关系. 因为如果$G=\sum j$是另一个正规表现，由于(2)而可应用2.2中辅助定理的推论，因而$\sum\varphi(i)=\sum\varphi(j)$.

显然，开集的测度不小于0而且小于等于∞[①].

每个开集G当其闭包$[G]$为S的一个有界子集时，即有一个有限的测度. 因为，设$G=\sum i,S=\sum j$为正规表现. 根据(2)可知，集$[G]$可由有限多个区间j(例如$j_1,\cdots,j_k$)所覆盖. 按照2.2的辅助定理，得到

$$|G|=\sum\varphi(i)\leqslant\sum_{v=1}^{k}\varphi(j_v)$$

而此处的后一个和具有有限值.

3.1　对于开集G_1,G_2有

---

① 在下面的定理与证明中，时常需要提到集的测度可能为∞. 关于∞的运算，我们规定以下的运算法则(这里只是其中的一部分)

$$a+\infty=\infty+a=\infty+\infty=\infty,a<\infty$$

这里a是任意的有限数，$\infty-\infty$是没有意义的. ——编者注

$$|G_1+G_2|+|G_1G_2|=|G_1|+|G_2| \tag{3}$$

证明 设

$$G_1=\sum i, G_2=\sum j$$

是 G_1,G_2 的正规表现,其中 i,j 是具有性质(3)和(4)的半开区间. 对于区间 i,当 $iG_2=\Lambda$ 时,我们以 i' 记之;当 $iG_2\neq\Lambda$ 时,我们以 i'' 记之. 仿此我们将区间 j 分为两类,一类区间 j' 满足 $j'G_1=\Lambda$,另一类区间 j'' 满足 $j''G_1\neq\Lambda$. 每个 i'' 都只与一个 j'' 有公共点. 在此情形下,根据(4),我们有

$$i''\subseteq j'' \text{或} j''\subseteq i''$$

我们令

$$\begin{aligned} &k=i'', l=j'', \text{若 } i''\subseteq j'' \\ &k=j'', l=i'', \text{若 } j''\subseteq i'' \end{aligned} \tag{4}$$

因此,得到

$$\begin{aligned} &G_1+G_2=\sum i'+\sum j'+\sum l, G_1G_2=\sum k \\ &G_1=\sum i'+\sum i'', G_2=\sum j'+\sum j'' \end{aligned} \tag{5}$$

根据假设,闭区间 i,j 同样属于 G_1,G_2,所以即使把等式右侧的区间看成闭区间,等式仍然成立. G_1+G_2, G_1G_2 的表现同样具有性质(2). 根据性质(2),A,B 即被 G_1+G_2 中的有限多个区间所覆盖. 另一方面,每个 G_1G_2 的有界闭子集 A,也是 G_1 与 G_2 的有界闭子集,因而就能够被有限多个 i'' 与有限多个 j'' 所覆盖. 所以,A 的每个点都必属于一对区间 i'',j'',而在这两个区间中必有一个为 k. 于是,根据测度定义,我们从式(5)得

$$|G_1+G_2|=\sum\varphi(i')+\sum\varphi(j')+\sum\varphi(l)$$

$$|G_1G_2|=\sum\varphi(k)$$

$$|G_1| = \sum \varphi(i') + \sum \varphi(i'')$$

$$|G_2| = \sum \varphi(j') + \sum \varphi(j'')$$

由式(4),得

$$\sum \varphi(k) + \sum \varphi(l) = \sum \varphi(i'') + \sum \varphi(j'')$$

故本定理得证.

从式(3)可得

$$|G_1 + G_2| \leqslant |G_1| + |G_2|$$

而且如果 $G_1G_2 = \Lambda$,则更可得

$$|G_1 + G_2| = |G_1| + |G_2|$$

这个结果能够进一步推广.

3.2 对于至多可数多个开集 G_v,有

$$|\sum G_v| \leqslant \sum |G_v| \tag{6}$$

并且如果 G_v 互无公共点,则

$$|\sum G_v| = \sum |G_v| \tag{7}$$

证明 设 $G = \sum G_v$,且 $G = \sum\limits_{\mu} i_\mu, G_v = \sum\limits_{\mu} i_{v\mu}$ 为正规表现,因而,有

$$|G| = \sum_{\mu} \varphi(i_\mu), |G_v| = \sum_{\mu} \varphi(i_{v\mu})$$

每个 i_μ 都被 G_v 所覆盖. 因此,有有限多个闭集 A_λ,满足

$$A_1 + \cdots + A_k = i_\mu$$

并且对于一个适当的号码 v_λ,每个 $A_\lambda \subseteq G_{v_\lambda}$. 根据(2)可知,每个 A_λ 被有限多个 $i_{v_\lambda,\mu}$所覆盖,因而 i_μ 也就被有限多个 $i_{v_\lambda,\mu}$所覆盖了. 根据2.2的辅助定理,则有

$$\sum_{\mu} \varphi(i_\mu) \leqslant \sum_{v,\mu} \varphi(i_{v\mu})$$

即 $$|G| \leqslant \sum |G_v|$$

其次，假设 G_v 互无公共点. 根据假设，每个 $i_{v\mu}$ 作为 G 的闭子集，可被有限多个 i_μ 所覆盖. 因此，根据同一辅助定理又有

$$\sum_{v,\mu} \varphi(i_{v\mu}) \leqslant \sum_{\mu} \varphi(i_\mu)$$

即 $$\sum |G_v| \leqslant |G|$$

从这两个不等式即可推得等式(7).

从测度定义与 2.2(5)不难推得：

3.3 假设 G 为一开集.

(1)如果 $\varphi(i)$，$\psi(i)$ 为正的度量，并且对于每个闭区间 $i \subseteq G$，满足

$$\varphi(i) \leqslant \psi(i)$$

那么，有

$$|G|_\varphi \leqslant |G|_\psi$$

(2)如果

$$\varphi(i) = \sum \varphi_v(i)$$

为有限多个正度量的和或无限多个正度量的收敛级数，那么就有

$$|G|_\varphi = \sum |G|_{\varphi_v}$$

3.4 假设 G_1，G_2 为 S_p，S_q 中的开集，因此

$$R = G_1 \times G_2$$

亦为 S_{p+q} 中的开集. 如果 φ，ψ，χ 具有 2.2(7)中所述之意义时，那么有

$$|R|_\chi = |G_1|_\varphi \cdot |G_2|_\psi$$

在这里，右端只要有一个因子为 0 时即当为 0(即使另一因子为 ∞ 时，亦如此).

证明　如果

$$G_1=\sum_{\mu} i_\mu, G_2=\sum_{v} j_v$$

为 G_1,G_2 的正规表现,那么

$$R=\sum_{\mu,v} i_\mu\times j_v \tag{8}$$

即为 R 的正规表现. 事实上,本节开始的性质(2)也得到满足,此不难从以下得到证明:假如 F 为 R 的一个有界闭子集. 设 A 为 F 落于 S_p 上的投影,也就是,这些点 x 所成之集,对于它们有一 y 存在,使 $(x,y)\in F$ 成立. 相应地,有 B 为 F 落于 S_q 上的投影. 在此情形下,$A\subseteq G_1$,$B\subseteq G_2$,A 与 B 均有界,而且 $F\subseteq A\times B$. 另一方面,A 是闭集. 因为如果 x_0 为 A 的一个聚点,那么就有一个收敛于 x_0 的点 $x_v\in A(v>0)$ 的点序列,因此根据 A 的定义,对于每个 x_v 都有一个点 y_v,使 $(x_v,y_v)\in F$ 成立. 由于 F 为有界闭集,因而有一子序列收敛于一点 $(x_0,y_0)\in F$. 因此 $x_0\in A$. 从而 A 为闭集. 并且,同样的情形对于 B 亦成立. 所以这两个集都能够被有限多个区间 i_μ,j_v 所覆盖,因此 $F\subseteq A\times B$ 即被有限多个 $i_\mu\times j_v$ 所覆盖.

现在,从式(8)我们推得

$$\begin{aligned}|R|_\chi=&\sum_{\mu,v}\chi(i_\mu\times j_v)=\\&\sum_{\mu,v}\varphi(i_\mu)\psi(j_v)=\\&|G_1|_\varphi|G_2|_\psi\end{aligned}$$

但于此需设无一因子为 0. 反之,假如 $|G_1|_\varphi=0$,那么所有的 $\varphi(i_\mu)=0$. 因此,在上面的等式中,最后的二重和为 0,故 $|R|_\chi=0$.

§4 任意点集的(外)测度

像以前一样,我们仍然假设在一个开的基本集 S 中给定了一个正度量 $\varphi(i)$,并且仅观察 S 的子集.

所谓一个点集 M 的(外)φ 测度,是指

$$\overline{M}=\overline{M}_{\varphi}=\inf_{G\supseteq M}|G|_{\varphi}$$

于此,下限是对所有满足 $M\subseteq G\subseteq S$ 的开集 G 而取的. 在这个时候,空集 Λ 的测度为 0. 显然有 $0\leqslant\overline{M}\leqslant\infty$,而且对于每个开集 $G\supseteq M$①,有 $\overline{M}\leqslant|G|$.

其次,还有以下的事实:

如果 $\varphi(x)=x_1\cdots x_n$,那么一个闭区间的度量就是其初等几何的度量(参看 2.2(8)中的 1)). 于是,度量 $\overline{M}_{\varphi}$ 就称为集 M 的(外)勒贝格测度(L 测度)$\overline{M}_L$.

(1)如果 $M\subseteq N$,则 $\overline{M}\leqslant\overline{N}$.

因为如果 $G\supseteq N$,则必有 $G\supseteq M$. 因此对于每个开集 $G\supseteq N$,有

$$\overline{M}\leqslant|G|$$

所以

$$\overline{M}\leqslant\inf_{G\supseteq N}|G|=\overline{N}$$

(2)对于每个开集 G,有 $\overline{G}=|G|$.

因为,如设 Q 为 G 的一个开的母集,这两个集有正规表现

---

① 并且有 $G\subseteq S$. ——俄译本注

$$G = \sum i \text{ 与 } Q = \sum j$$

那么,根据开集的测度定义,以及2.2的辅助定理,则有

$$|G| = \sum \varphi(i) \leqslant \sum \varphi(j) = |Q|$$

因而

$$|G| \leqslant \inf_{Q \supseteq G} |Q| = \overline{G}$$

另一方面,在所涉及的集 $Q \supseteq G$ 中,也有集 G 本身.因此,下限就是 $|G|$.

(3)任何一个集 M,如其闭包 $[M]$ 为 S 的一个有界子集时,即具有有限的测度.

因为如果 S 有界点,则界点组成的集 R 为闭集,从而 $[M]$ 与 R 具有正的距离 2ρ.因此,凡与集 M 中的任意点的距离小于 ρ 的点 P 全体所组成的集,必仍然属于 S;而当 S 无界点,也就是说 S 为整个 R_n 时,甚至 ρ 可以取为一任意正数,此项事实亦必成立.这样的点 P 构成一个开集 G,其闭包为 S 的一个有界子集.因此,得到 $|G_1| < \infty$,而由于 $M \subseteq G$,所以亦必有 $\overline{M} < \infty$.

一些初等集的测度,将于本章§6中进行计算.在这之前,让我们导出有关测度的一般定理.

4.1 我们有

$$\overline{M+N} + \overline{MN} \leqslant \overline{M} + \overline{N} \tag{1}$$

证明 根据测度的定义,对于每个 $\varepsilon > 0$,都必有开集 $G \supseteq M$, $Q \supseteq N$,满足

$$|G| \leqslant \overline{M} + \varepsilon, |Q| \leqslant \overline{N} + \varepsilon$$

而由于

$$G + Q \supseteq M + N, GQ \supseteq MN$$

且左侧的集为开集，根据 3.1，则得到对于任意的 $\varepsilon>0$，有

$$\overline{M+N}+\overline{MN}\leqslant|G+Q|+|GQ|=|G|+|Q|\leqslant\overline{M}+\overline{N}+2\varepsilon$$

因此可得式(1).

推论 (1) 如果 $\overline{N}=0$，则 $\overline{M+N}=\overline{M}$. 因为由于 $M\subseteq M+N$，所以

$$\overline{M}\leqslant\overline{M+N}$$

而根据 4.1，同时又因为 $\overline{MN}\geqslant 0$，故

$$\overline{M+N}\leqslant\overline{M}$$

(2) $\overline{M+N}\leqslant\overline{M}+\overline{N}$. 此为由式(1)推得的直接结果. 从此更可推得，对于有限多个集，有

$$\overline{M_1+\cdots+M_k}\leqslant\overline{M}_1+\cdots+\overline{M}_k$$

(3) 在 $\overline{N}<\infty$ 的情形下，如果 $N\subseteq M$，则

$$\overline{M\backslash N}\geqslant\overline{M}-\overline{N}$$

因为根据推论(2)，有

$$\overline{M}=\overline{(M\backslash N)+N}\leqslant\overline{M\backslash N}+\overline{N}$$

推论(2)能够容易地被推广为下面的定理：

4.2 对于至多可数多个集 M_v，有

$$\overline{\sum M_v}\leqslant\sum\overline{M}_v \tag{2}$$

证明 对于每个 M_v，都必有一开集 $G_v\supseteq M_v$. 于是，当 $\varepsilon>0$ 给定时，有

$$|G_v|\leqslant\overline{M}_v+\frac{\varepsilon}{2^v}$$

由于 $G=\sum G_v$ 是 $M=\sum M_v$ 的一个开的母集，因此根据 3.2 可知，对于任意的 $\varepsilon>0$，有

$$\overline{M} \leqslant |G| \leqslant \sum |G_v| \leqslant \sum \overline{M}_v + \varepsilon$$

而由此便可得到式(2).

现在我们来探究,在什么时候,4.1 的推论(2)中的等号才会成立.

4.3　如果两个集 M,N 有正距离,那么

$$\overline{M+N} = \overline{M} + \overline{N}\text{[1]} \tag{3}$$

证明　设 $\rho > 0$ 为这两个集间的距离,而 G 为与 M 的距离小于 $\frac{1}{2}\rho$ 的一切点所组成的集. 相应地,Q 为与 N 的距离小于 $\frac{1}{2}\rho$ 的一切点所组成的集. 那么,显然 G,Q 为含 M,N 的开集,而且 $GQ = \Lambda$. 因为,如果不然的话,就会有一个点 $R \in GQ$,它和一个点 $P \in M$ 以及与一个点 $Q \in N$ 的距离都要小于 $\frac{1}{2}\rho$. 那么,$\overline{PQ} < \rho$ 就与 ρ 的定义相矛盾. 另外也一定存在开集 $G \subseteq S$ 与 $Q \subseteq S$,具有性质

$$G \supseteq M, Q \supseteq N, GQ = \Lambda$$

这样的集是可以通过上述之集 G 与 Q 用 GS 与 QS 来代替而得到.

现在设 R 为一个开集,对此

$$M + N \subseteq R \subseteq S, |R| \leqslant \overline{M+N} + \varepsilon \tag{4}$$

成立. 那么仍有

$$GR \supseteq M, QR \supseteq N \text{ 与 } GR \cdot QR \subseteq GQ = \Lambda$$

因此,从式(4)并依照本节开始的(1)与 3.1 得到对于

① 关于本定理的一个加强的定理,可参看本章 §4 的 4.6.

任意的 $\varepsilon>0$,有

$$\overline{M+N}+\varepsilon\geqslant|R|\geqslant|(G+Q)R|=|GR|+|QR|\geqslant\overline{M}+\overline{N}$$

因此

$$\overline{M+N}\geqslant\overline{M}+\overline{N}$$

结合 4.1 中的推论(2),本定理即得证明.

辅助定理 如果 G,Q 为开集,而且 $Q\subseteq G\subseteq S$ 与 $|Q|<\infty$ 成立,则①

$$\overline{G\backslash Q}=|G|-|Q| \tag{5}$$

证明 根据 3.3 知,如果

$$Q=\sum j_v$$

为 Q 的一个正规表现时,即有

$$|Q|=\sum_{v=1}^{\infty}\varphi(j_v)$$

对于一个任意的自然数 k,则有

$$A=\sum_{v=1}^{k}j_v\subseteq Q$$

而且为一闭集,因此

$$R=Q\backslash A\subseteq\sum_{v=k+1}^{\infty}j_v$$

为开集,从而,根据 2.2 的辅助定理,即有

$$|R|\leqslant\sum_{v=k+1}^{\infty}\varphi(j_v) \tag{6}$$

由于 $G\backslash A$ 也是开集,则有

$$|(G\backslash A)+Q|+|(G\backslash A)Q|=|G\backslash A|+|Q|$$

其位于左侧首项之集即为 G. 其次,有

---

① 应当注意,$G\backslash Q$ 一般说来并非开集.

$$(G\backslash A)Q = (G\backslash A)(R+A) = (G\backslash A)R \subseteq R$$

与

$$G\backslash Q \subseteq G\backslash A$$

因此,从以上等式,我们求得

$$|G| + |R| \geqslant \overline{G\backslash Q} + |Q|$$

由于$|Q| < \infty$,当$k\to\infty$时,无穷级数(6)的极限为0.因此,我们求得

$$\overline{G\backslash Q} \leqslant |G| - |Q|$$

而另一方面,根据4.1中的推论(3),有

$$\overline{G\backslash Q} \geqslant |G| - |Q|$$

从而,两个不等式即可推得式(5).

利用此辅助定理,能够将4.2推广如下:

4.4　如果

$$M = \sum_{v=1}^{\infty} M_v$$

则

$$\overline{M} = \lim_{k\to\infty} \overline{M_1 + \cdots + M_k}$$

这个定理,我们用以下与其等价的定理加以证明:

4.5　如果$E_1 \subseteq E_2 \subseteq E_3 \subseteq \cdots$,则

$$\overline{\lim E_k} = \lim \overline{E}_k$$

在这里,$\lim E_k = \sum E_k$.

证明　如果置$E = \lim E_k$,则有

$$\overline{E}_k \leqslant \overline{E}_{k+1} \leqslant \overline{E}$$

因而存在

$$\lim \overline{E}_k \leqslant \overline{E} \tag{7}$$

我们应当证明,在上式中仅有等号成立.在这里,我们

不妨假设每个 $\overline{E}_k<\infty$，因为若不如此，定理就变成明显的了.

首先我们证明，在给定了 $\varepsilon>0$ 时，必有开集 G_k 存在，它们同样是单调增加的，而且满足

$$E_k\subseteq G_k\subseteq S,|G_k|<\overline{E}_k+\varepsilon \tag{8}$$

我们首先这样选取 G_1，使

$$E_1\subseteq G_1\subseteq S,|G_1|<\overline{E}_1+\varepsilon$$

成立. 于是根据4.1，我们得

$$\begin{aligned}\overline{E_2+G_1}\leqslant\overline{E}_2+\overline{G}_1-\overline{E_2G_1}\leqslant&\\ \overline{E}_2+|G_1|-\overline{E}_1<&\\ \overline{E}_2+\varepsilon&\end{aligned}$$

因此，有一开集 G_2 存在，满足

$$E_2+G_1\subseteq G_2\subseteq S\text{ 与 }|G_2|<\overline{E}_2+\varepsilon$$

于是，我们仍然根据4.1，得到

$$\overline{E_3+G_2}\leqslant\overline{E}_3+|G_2|-\overline{E}_2<\overline{E}_3+\varepsilon$$

因此，有一开集 G_3 存在，满足

$$E_3+G_2\subseteq G_3\subseteq S\text{ 与 }|G_3|<\overline{E}_3+\varepsilon$$

按照这样的办法进行下去，我们即得所要的开集序列.

由于 G_k 单调增加，我们就能够写成

$$G=G_1+(G_2-G_1)+(G_3-G_2)+\cdots$$

显然 $E\subseteq G$，因此

$$\overline{E}\leqslant\overline{G}=|G|$$

其次，根据4.2可得

$$|G|\leqslant|G_1|+\sum_{v=1}^{\infty}\overline{G_{v+1}\backslash G_v}=|G_1|+\lim_{k\to\infty}\sum_{v=1}^{k}\overline{G_{v+1}\backslash G_v}$$

因此，根据4.3中的辅助定理，得到

$$\overline{E} \leqslant |G_1| + \lim_{k \to \infty} \sum_{v=1}^{k} (|G_{v+1}| - |G_v|) =$$

$$\lim |G_{k+1}| \leqslant \lim \overline{E}_{k+1} + \varepsilon$$

因此

$$\overline{E} \leqslant \lim \overline{E}_k$$

与式(7)相结合,定理即告得证.

应用4.4,我们能够证明4.3以及辅助定理的以下加强的定理.

4.6　假如有一开集 G 存在,使 $M \subseteq G$ 与 $NG = \Lambda$,那么,有

$$\overline{M+N} = \overline{M} + \overline{N} \tag{9}$$

证明　假设 G_k 为 S 中与 $S \setminus G$ 的距离大于$\frac{1}{k}$的点的集①,并令 $M_k = MG_k$. 于是,M_k 与 $N \subseteq S \setminus G$ 间的距离大于$\frac{1}{k}$. 因此,根据4.3,有

$$\overline{M_k + N} = \overline{M}_k + \overline{N} \tag{10}$$

显然,$G_k \subseteq G_{k+1}$,因此也就有 $M_k \subseteq M_{k+1}$. 由于集 G 的每一个点都与 $S \setminus G$ 有正的距离,因此就属于一个 G_k,所以 $G = \sum G_k$,因而也就必然有

$$M = \sum M_k$$

根据4.5,有

$$\overline{M} = \lim \overline{M}_k, \overline{M+N} = \lim \overline{M_k + N}$$

所以,在 $k \to \infty$ 时,由式(10)即可推得式(9).

---

①　这里要提醒读者,所考虑的一切集都是含于基本开集 S 中的. ——俄译本注

注 我们不能设想式(9)对于任意两个集合都一定成立. 其原因是两个集可能有犬牙交错的情况,以使(9)的右侧大于其左侧.

4.7 (1)如果 $\varphi(i)$,$\psi(i)$ 为正的度量,而且对于每个闭区间 $i\subseteq S$,有

$$\varphi(i)\leqslant\psi(i)$$

那么,有

$$\overline{M}_{\varphi}\leqslant\overline{M}_{\psi}$$

(2)如果 $\varphi(i)=\sum\varphi_{v}(i)$ 为一正度量的有限和或收敛的无限和,那么有

$$\overline{M}_{\varphi}=\sum\overline{M}_{\varphi_{v}} \tag{11}$$

证明 论断(1)可直接由 3.3 中的(1)推得. 为了证明论断(2),我们选取一个任意的开集 $G\supseteq M$. 那么,按照 3.3 中的(2),我们得到,对于每个开集 $G\supseteq M$,有

$$|G|_{\varphi}=\sum|G|_{\varphi_{v}}\geqslant\sum\overline{M}_{\varphi_{v}} \tag{12}$$

因此,根据测度的定义,得

$$\sum\overline{M}_{\varphi_{v}}\leqslant\overline{M}_{\varphi} \tag{13}$$

如果式中的左侧等于∞,那么,也就必然有 $\overline{M}_{\varphi}=\infty$. 因此,我们就证得了(11)是正确的. 从而可以进一步假定

$$\sum\overline{M}_{\varphi_{v}}<\infty \tag{14}$$

其次,我们还要暂时假定

$$\overline{M}_{\varphi}<\infty \tag{15}$$

对于每个给定的 $\varepsilon>0$,就有开集 G,G_{v},满足

$$G\supseteq M,|G|_{\varphi}<\overline{M}_{\varphi}+\varepsilon \tag{16}$$

$$G_{v}\supseteq M,|G_{v}|_{\varphi_{v}}<\overline{M}_{\varphi_{v}}+2^{-v}\varepsilon \tag{17}$$

从式(12),式(16)以及式(15),我们推得$\sum |G|_{\varphi_v}$收敛.因此,对于一个适当选取的k,即有

$$\sum_{v=k+1}^{\infty} |G|_{\varphi_v} < \varepsilon$$

关于开集$Q = GG_1 \cdots G_k$,也同样有$Q \supseteq M$,而且更会有

$$\sum_{v=k+1}^{\infty} |Q|_{\varphi_v} < \varepsilon$$

因此,根据式(16)与式(17)可知,对于每个$\varepsilon > 0$,必有

$$\begin{aligned}\varepsilon + \sum_{v=1}^{\infty} \overline{M}_{\varphi_v} > \sum_{v=1}^{k} |G_v|_{\varphi_v} \geqslant \\ \sum_{v=1}^{k} |Q|_{\varphi_v} = \sum_{v=1}^{\infty} |Q|_{\varphi_v} - \sum_{v=k+1}^{\infty} |Q|_{\varphi_v} > \\ |Q|_{\varphi} - \varepsilon \geqslant \overline{M}_{\varphi} - \varepsilon\end{aligned}$$

因此,得到

$$\overline{M}_{\varphi} \leqslant \sum \overline{M}_{\varphi_v}$$

此式与式(13)相结合即可推得式(11).

在这里我们还必须提及式(15)的一个假设.但是这个假设并非必要,亦即这个假设自然就会得到满足.例如,我们选取一个开集序列$G_1 \subseteq G_2 \subseteq \cdots$,使它们的闭包都为$S$的有界子集,而且$\sum G_{\mu} = S$成立.在此情形,每个测度$|G_{\mu}|_{\varphi} < \infty$,因此根据定理的已证部分及式(14),有

$$\overline{(G_{\mu}M)}_{\varphi} = \sum_{v=1}^{\infty} \overline{(G_{\mu}M)}_{\varphi_v} \leqslant \sum_{v=1}^{\infty} \overline{M}_{\varphi_v} = A < \infty$$

从而,当$\mu \to \infty$时,有

$$\overline{M}_{\varphi} = \lim \overline{(G_{\mu}M)}_{\varphi} \leqslant A < \infty$$

即式(15)成立.

4.8 用2.2中(7)的符号记法,设 M_1,M_2 为 S_p,S_q 中的集,而 $M=M_1\times M_2$ 为其笛卡儿乘积,即由点 $z=(x,y),x\in M_1,y\in M_2$ 所组成的集,那么

$$\overline{M}_x\leqslant\overline{M}_{1\varphi}\cdot\overline{M}_{2\psi}\tag{18}$$

于此,右侧在至少有一个因子为0时,它就为0(即使另一个因子为∞的情况亦复如此).

证明 (1)首先假设 $\overline{M}_1=\infty,\overline{M}_2=0$ 或 $\overline{M}_1=0,\overline{M}_2=\infty$ 的两个情形不出现.如果 $G_1\supseteq M_1,G_2\supseteq M_2$ 为 S_p,S_q 中的开集,那么

$$G=G_1\times G_2\supseteq M_1\times M_2$$

亦为 S_{p+q} 中的开集,而且根据3.4,有

$$\begin{aligned}\overline{M}_x&=\inf_{G\supseteq M}|G|_x\leqslant\inf_{G_v\supseteq M_v}|G_1\times G_2|_x=\\&\inf|G_1|_\varphi\cdot|G_2|_\psi=\\&\overline{M}_{1\varphi}\cdot\overline{M}_{2\psi}\end{aligned}$$

即式(18)成立.

(2)最后,如果有一集,其测度为0,例如 $\overline{M}_{2\psi}=0$,那么我们即选取一个正规表现

$$S_p=\sum i_v$$

于是

$$M=M_1\times M_2=\sum(M_1\cdot i_v)\times M_2$$

根据(1),每个项的 χ 测度都为0,因此 M 的 χ 测度也为0.

§5 可测集

到目前为止,我们所考察的集都可为基本集 S 中任意的子集,重要的是这样的一类子集,对于它们,§4中的法则能够加强.

一个集 $M\subseteq S$,当

$$\inf_{G\supseteq M}\overline{G\backslash M}=0 \qquad (1)$$

时,称为 φ 可测或简称可测,这里的下限是对满足 $M\subseteq G\subseteq S$ 的所有开集 G 而作的[①]. 一个可测集的测度用 $|M|_{\varphi}$ 或 $|M|$ 来表示. 因此,对于可测集 M,有

$$\overline{M}=|M|$$

从定义可直接推得:

(1)一个集 M 为可测的充分与必要条件是:如果对于每个 $\varepsilon>0$,都有一个开集 G,能使

$$M\subseteq G\subseteq S \text{ 与 } \overline{G\backslash M}<\varepsilon$$

成立,换句话说,即如果在此意义下,能够通过开集从外部来任意地逼近 M.

(2)每个具有测度为 0 的集必可测[②].

关于开集 G,在 §3 已引进一个测度 $|G|$. 显然,我们有:

(3)每个开集 $G\subseteq S$ 为可测[③]. 因为如果 $M=G$,则在式(1)中

$$\overline{G\backslash M}=\overline{\Lambda}=0$$

因此,此刻所导入的测度 $|G|$,正好为在 §3 中所导入的测度.

由于在 §4 中所导出的全部定理对基本集的任意子集都适用,故特别对于可测集也是有效的. 而且关于

① 这样的开集总是有的,例如 $G=S$.

② 实际上,对任意 $\varepsilon>0$,存在这样的开集 $G\supseteq M$,使得 $|G|<\varepsilon$,于是更有 $\overline{G\backslash M}<\varepsilon$. ——俄译本注

③ 特别地,本条对 $G=S$ 也成立.

可测集,还可给这些定理做若干的补充.

5.1 如果集 M,N 可测,则 $M+N,MN$ 也必可测,并且有

$$|M+N|+|MN|=|M|+|N| \tag{2}$$

证明 由于 M,N 为可测,所以对于每个 $\varepsilon>0$,有开集 $G\supseteq M$ 和开集 $Q\supseteq N$,能使

$$\overline{G\backslash M}<\varepsilon,\overline{Q\backslash N}<\varepsilon$$

在这个时候,也有

$$G+Q\supseteq M+N,GQ\supseteq MN$$

与

$$\left.\begin{cases}(G+Q)\backslash(M+N)\\ GQ\backslash MN\end{cases}\right.\subseteq(G\backslash M)+(Q\backslash N)$$

因此,我们有

$$\left.\begin{cases}\overline{(G+Q)\backslash(M+N)}\\ \overline{GQ\backslash MN}\end{cases}\right.\leqslant\overline{G\backslash M}+\overline{Q\backslash N}<2\varepsilon \tag{3}$$

所以 $M+N,MN$ 为可测.

其次

$$G+Q=(M+N)+\{(G+Q)\backslash(M+N)\}$$
$$GQ=MN+(GQ\backslash MN)$$

因此根据式(3),有

$$|G+Q|+|GQ|<\overline{M+N}+2\varepsilon+\overline{MN}+2\varepsilon$$

根据 3.1 可知,此式左侧等于 $|G|+|Q|$,而又不小于 $\overline{M}+\overline{N}$,就得到对于每个 $\varepsilon>0$,有

$$\overline{M}+\overline{N}<\overline{M+N}+\overline{MN}+4\varepsilon$$

因此

$$\overline{M}+\overline{N}\leqslant\overline{M+N}+\overline{MN}$$

与4.1相结合,从而得到

$$\overline{M+N}+\overline{MN}=\overline{M}+\overline{N}$$

也就是等式(2),因为这里所出现集的可测性是已经证明了的.

当可测集 M,N 无共同点或至少 $|MN|=0$ 时,从5.1我们即得

$$|M+N|=|M|+|N|$$

也就是对于可测集来说,测度是一个可加集函数.若无此附加的假设,也就只会有

$$|M+N|\leqslant|M|+|N|$$

从而知,有限多个可测集 $M_1,\cdots,M_k$ 的和集仍为可测集,而且有

$$|M_1+\cdots+M_k|\leqslant|M_1|+\cdots+|M_k|$$

并且式中的等号只能在全部之集互无共同点或者至少 $|M_pM_q|=0,p\neq q$ 的时候才会成立.这些事实,即在其中包含着可测性概念的本质的意义,对于可数无限多个集仍然成立.

5.2 如果集 M_v 可测,它们的和集 $M=\sum M_v$ 亦必可测,而且有

$$|M|\leqslant\sum|M_v| \tag{4}$$

成立.如果 M_v 互无共同点或至少 $|M_pM_q|=0,p\neq q$,则

$$|M|=\sum|M_v| \tag{5}$$

成立.也就是说,对于可测集来说,测度是一个完全可加集函数.

证明 对于每个集 M_v,有一开集 G_v 存在,满足

$$M_v\subseteq G_v\subseteq S,\overline{G_v\backslash M_v}<2^{-v}\varepsilon$$

假定 $G=\sum G_v$,那么有

$$G\supseteq M \text{ 与 } \sum G_v-\sum M_v\subseteq \sum G_v\backslash M_v$$

因此,根据 4.2,有

$$\overline{G\backslash M}=\overline{\sum G_v-\sum M_v}\leqslant$$

$$\overline{\sum G_v\backslash M_v}\leqslant$$

$$\sum \overline{G_v\backslash M_v}<\varepsilon$$

即 M 为可测. 于是,不等式(4)即成 §4 中式(2)的一个直接的推论. 另外,如果定理中的进一步假设得到满足时,4.4 就会给出

$$|M|=\lim_{k\to\infty}\left|\sum_{v=1}^{k} M_v\right|=\lim_{k\to\infty}\sum_{v=1}^{k}|M_v|$$

后一等式是依据 5.1 所得. 因此,式(5)亦已证得.

下面的定理与 5.2 同时得到证明.

5.3 如果集 M_v 可测,而且 $M_1\subseteq M_2\subseteq\cdots$,则

$$M=\lim M_v=\sum M_v$$

也可测,并且

$$|M|=\lim|M_v|$$

5.4 M,N 可测,并且 $N\subseteq M$,则 $M\backslash N$ 亦可测,而且当 $|N|<\infty$ 时,有

$$|M\backslash N|=|M|-|N| \tag{6}$$

证明 (1)首先设 $G=M$ 为开集,而

$$|G|<\infty$$

由于 N 可测,即对于每个 $\varepsilon>0$,有一开集 Q,使得

$$Q\supseteq N,\overline{Q\backslash N}<\varepsilon \tag{7}$$

成立. 因为 $N\subseteq G$,所以 Q 的选取还可使其适合 $Q\subseteq G$,这是由于与 Q 同时,GQ 也同样满足条件(7)的缘故. 其次,还有一个开集 R,满足

$$R\supseteq G\backslash N,\ |R|\leqslant\overline{G\backslash N}+\varepsilon \tag{8}$$

在这里,我们仍然能够如此选取 R,使得 $R\subseteq G$. 从式(8)则得

$$|R|\leqslant\overline{(G\backslash Q)+(Q\backslash N)}+\varepsilon\leqslant\overline{G\backslash Q}+\overline{Q\backslash N}+\varepsilon$$

因此由于式(7),可得

$$|R|\leqslant\overline{G\backslash Q}+2\varepsilon \tag{9}$$

由于

$$R\backslash(G\backslash N)\subseteq R\backslash(G\backslash Q)=RQ \tag{10}$$

如果 $|RQ|<2\varepsilon$,则 $G\backslash N$ 的可测性得到保证,从式(10)得

$$R\backslash RQ=G\backslash Q$$

因此根据4.3中的辅助定理即有

$$|R|-|RQ|=\overline{G\backslash Q}$$

因此,事实上根据式(9)得

$$|RQ|=|R|-\overline{G\backslash Q}<2\varepsilon$$

如果 $|G|=\infty$. 假设 G_v 为开集,且有

$$\sum G_v=S$$

并假定 G_v 的闭包亦含在 S 中. 于是,有

$$G\backslash N=\sum_{v=1}^{\infty}G_v(G\backslash N)=\sum_{v=1}^{\infty}(G_vG\backslash G_vN)$$

根据5.1可知,G_vG 与 G_vN 均可测,所以,每个项必可测. 根据5.2,其和集亦必可测.

(2)现在设 M 与 N 为任意的可测集,且 $N\subseteq M$. 由于 S 为开集,则 $S\setminus M$ 必可测,因此根据 5.1 可知

$$(S\setminus M)+N=S\setminus(M\setminus N)$$

亦必可测,所以

$$S\setminus\{S\setminus(M\setminus N)\}=M\setminus N$$

亦必可测.

(3)现在,在 $M\setminus N$ 的可测性已证明之后,等式(6)就会从式(2)得到,只要在此等式中把 M 用 $M\setminus N$ 来代换就可以了.

从 5.4,可得与本节开始的(3)对应的定理:

每个在 S 上之闭集 $A\subseteq S$ 必可测.

因为 $G=S\setminus A$ 为一开集,所以 $A=S\setminus G$ 为可测.

5.5 如果集 M_v 可测,那么它们的交集

$$D=M_1M_2\cdots$$

也可测,并且假设下式右侧为有限①,则

$$|D|=\lim_{k\to\infty}|M_1\cdots M_k| \tag{11}$$

成立.

证明 根据 5.1 可知

$$D_k=M_1\cdots M_k$$

作为有限多个可测集的交集必可测. 其次,对于每个 m,有

$$D=D_m\setminus\sum_{v=m}^{\infty}(D_v\setminus D_{v+1})$$

---

① 如无此附加条件,式(11)并不一定成立. 因为,如果 M_k 为 R_1 中由数 $x\geqslant k$ 所成之集,则对于每个 k,L 测度 $|M_1\cdots M_k|=\infty$,但 $D=\Lambda$.

右侧和集的每个项,根据 5.4 可知,都是可测的. 根据 5.2 可知,它们的和集也是可测的,因此再一次根据 5.4 可知,D 也是可测的. 根据假设,必有一个 $|D_m|$ 是有限的,于是,从以上指出的定理,得出结论

$$|D| = |D_m| - \lim_{k\to\infty}\sum_{v=m}^{k-1}(|D_v| - |D_{v+1}|) = \lim_{k\to\infty}|D_k|$$

5.6　(1)如果 $\varphi(i)$,$\psi(i)$ 为正的度量,而且对于每个闭子区间 $i\subseteq S$,有

$$\varphi(i)\leqslant\psi(i)$$

时,那么每个 ψ 可测的集 M 亦必为 φ 可测.

(2)如果 $\varphi(i) = \sum \varphi_v(i)$ 为一正度量的有限和或收敛无限和,那么,集 M 为 φ 可测的充分与必要条件为对所有 v 为 φ_v 可测.

证明　(1)根据 4.7 可知,对于每个开集 $G\supseteq M$,不等式

$$\overline{(G\backslash M)}_{\varphi}\leqslant\overline{(G\backslash M)}_{\psi}$$

都成立,由此可推得(1).

(2)如果 M 为 φ 可测,那么根据(1),M 亦为 φ_v 可测. 其次,若 M 对于所有的 v 为 φ_v 可测,要证明 M 也是 φ 可测的. 在这里,我们暂时还得假定,闭包[M]是 S 的一个有界的子集. 在这种情形下,必有一个开集 $G\supseteq M$,它的闭包也同样是 S 的一个有界的子集①. 根据 4.7,则有

---

① 我们可知,[M]与 $R_n\backslash S$ 的距离 $\rho>0$. 与[M]的距离小于$\frac{1}{2}\rho$ 的点所组成的集可取作集 G. ——编者注

$$\overline{(G\backslash M)}_{\varphi}=\sum\overline{(G\backslash M)}_{\varphi_v}$$

而且左侧有一有限的值. 因此,右侧的级数收敛. 因而对于每个 $\varepsilon>0$,必有一数 k,能使

$$\sum_{v=k+1}^{\infty}\overline{(G\backslash M)}_{\varphi_v}<\varepsilon$$

成立. 由于 M 为 φ_v 可测,所以有一开集 $G_v\supseteq M$,满足

$$\overline{(G_v\backslash M)}_{\varphi_v}<2^{-v}\varepsilon$$

如令

$$Q=GG_1\cdots G_k$$

则仍有

$$G\supseteq Q\supseteq M$$

而且更有

$$\sum_{v=k+1}^{\infty}\overline{(Q\backslash M)}_{\varphi_v}<\varepsilon \text{ 及 } \overline{(Q\backslash M)}_{\varphi_v}<2^{-v}\varepsilon \quad (v=1,\cdots,k)$$

因此

$$\overline{(Q\backslash M)}_{\varphi}=\sum_{v=1}^{\infty}\overline{(Q\backslash M)}_{\varphi_v}<2\varepsilon$$

所以,亦证得 M 自身为 φ 可测的.

现在我们能够证明,附加的有关 M 的假设是多余的. 为此,我们选一个开集的序列

$$G_1\subseteq G_2\subseteq\cdots$$

使它们的闭包为 S 的有界子集,而且

$$\sum G_\mu=S$$

那么,每个集 $G_\mu M$ 必为 φ_v 可测. 因此,根据定理已证部分,每个 $G_\mu M$ 也就必为 φ 可测,从而

$$M=\sum G_\mu M$$

也就必为 φ 可测的了.

5.7　现在沿用2.2中(7)的记号,假设 M_1,M_2 为 S_p,S_q 中的集,而且 $M=M_1\times M_2$ 为由点 $z=(x,y)$,$x\in M_1$,$y\in M_2$ 所组成的集. 如果 M_1,M_2 分别为 φ 可测以及 ψ 可测,那么 M 则为 χ 可测. 如果集 M_1,M_2 中至少有一个为可测,则

$$\overline{M}_\chi=(\overline{M}_1)_\varphi\cdot(\overline{M}_2)_\psi \tag{12}$$

成立,于此右侧有一个因子为0时,即看作是0(即使另一因子为∞,亦仍然如此)①.

证明　(1)首先假设

$$(\overline{M}_1)_\varphi<\infty,(\overline{M}_2)_\psi<\infty \tag{13}$$

并且这两个集 M_1,M_2 都是可测的. 那么对于每个 $\varepsilon>0$,必有开集 $G_v\supseteq M_v(v=1,2)$ 存在,能使

$$\overline{(G_1\backslash M_1)}_\varphi<\varepsilon,\overline{(G_2\backslash M_2)}_\psi<\varepsilon$$

成立. 由此且根据4.8可知,对于开集

$$G_1\times G_2\supseteq M_1\times M_2$$

我们有

$$\begin{aligned}\overline{(G_1\times G_2)\backslash(M_1\times M_2)}_\chi&=\overline{\{(G_1\backslash M_1)\times G_2+M_1\times(G_2\backslash M_2)\}}_\chi\leqslant\\&\overline{\{(G_1\backslash M_1)\times G_2\}}_\chi+\overline{\{M_1\times(G_2\backslash M_2)\}}_\chi\leqslant\\&\overline{(G_1\backslash M_1)}_\varphi\cdot(\overline{G}_2)_\psi+(\overline{M}_1)_\varphi\cdot\overline{(G_2\backslash M_2)}_\psi<\\&\varepsilon\{\overline{(M_2)}_\psi+\varepsilon\}+\varepsilon(\overline{M}_1)_\varphi\end{aligned}$$

---

① 等式(12)并非自明的,而且对于很多较一般的测度,甚至并不成立. 参看 I. F. Randolph, Bulletin Amer. Math. Soc., 42(1936)268-274; G. Freilich, Transactions Amer. Math. Soc., 69(1950)232-275.

因此，可能使它变成任意小，所以 $M_1 \times M_2$ 为可测的.

其次，根据 3.4 有

$$\begin{aligned}|M_1|_\varphi \cdot |M_2|_\psi \leqslant |G_1|_\varphi \cdot |G_2|_\psi = & \\ & \overline{(G_1 \times G_2)}_\chi \leqslant \\ & |M_1 \times M_2|_\chi + \\ & \overline{(G_1 \times G_2 \backslash M_1 \times M_2)}_\chi\end{aligned}$$

最后的项，根据上面的不等式，能够变为任意小，因此我们得出

$$|M_1|_\varphi \cdot |M_2|_\psi \leqslant |M_1 \times M_2|_\chi$$

将它与 4.8 相结合，即得式(12).

(2)假设式(13)仍然成立，但是在两集之中可有一个，比如 M_1，已无须一定是可测的了，但此时则增加设 $M_2 = A$ 为一个有界的闭集. 对于一个 $x \in M_1$，令 A_x 为在 S_{p+q} 中，由点 $\{x\} \times A$ 所组成之集. 如果 $Q \subseteq S_{p+q}$ 为 R_{p+q} 中的一个开集，而且 $Q \supseteq M_1 \times A$，则 $A_x \subseteq Q$. 由于 A_x 为有界的闭集，因而有 A_x 的 $p+q$ 维的 δ 邻域同样落于 Q 中，特别是落于 Q 中的还有集 $a \times A$，而 a 为由与 x 之距离小于 δ 的 S_p 的点 y 构成的开集. 将属于所有不同的点 $x \in M_1$ 的开集 a 的和集记为 G，那么

$$M_1 \subseteq G, M_1 \times A \subseteq G \times A \subseteq Q$$

而 A 作为 S_q 的一个有界的闭子集，故有一有限的 ψ 测度. 因此

$$\inf_{G \supseteq M_1} \{\overline{(G \backslash M_1) \times A}\}_\chi \leqslant \inf_{Q \supseteq M_1 \times A} \{\overline{Q \backslash (M_1 \times A)}\}_\chi \tag{14}$$

因为在这里，Q 可为 $M_1 \times A$ 的任意的开母集，所以

$$\begin{aligned}\overline{(M_1 \times A)}_\chi \leqslant \inf_{G \supseteq M_1} |G \times A|_\chi \leqslant & \\ & \inf_{G \supseteq M_1 \times A} |Q|_\chi = \overline{(M_1 \times A)}_\chi\end{aligned}$$

由于 G 与 A 为可测，这里根据(1)，有

$$\inf_{G\supseteq M_1}|G\times A|_\chi=\inf_{G\supseteq M_1}|G|_\varphi\cdot|A|_\psi=\overline{M}_{1\varphi}\cdot|A|_\psi$$

也就是说式(12)成立.

(3)假设式(13)仍然成立，现在仅需 M_2 为可测. 我们可知，对于每个 $\varepsilon>0$，存在有界的闭集 $A\subseteq M_2$，使

$$(\overline{M_2\backslash A})_\psi<\varepsilon$$

于是根据(2)，可得

$$\begin{aligned}(\overline{M}_1)_\varphi\cdot(\overline{M}_2)_\psi=(\overline{M}_1)_\varphi\cdot\{\overline{A+(M_2\backslash A)}\}_\psi\leqslant\\(\overline{M}_1)_\varphi\{|A|_\psi+(\overline{M_2\backslash A})_\psi\}\leqslant\\(\overline{M_1\times A})_\chi+\varepsilon(\overline{M}_1)_\varphi\leqslant\\(\overline{M_1\times M_2})_\chi+\varepsilon(\overline{M}_1)_\varphi\end{aligned}$$

因此

$$(\overline{M}_1)_\varphi\cdot(\overline{M}_2)_\psi\leqslant\overline{M}_\chi$$

再根据 4.8，仍然得式(12).

(4)至此，在假定附加条件(13)成立的情况下，本定理已全面得到证明. 如果这个附加条件不满足时，那么我们就选取开集 S_p,S_q 的正规表现

$$S_p=\sum i_\mu,S_q=\sum j_v$$

那么

$$S_{p+q}=\sum i_\mu\times j_v$$

仍然是一个正规表现，而且有

$$\begin{aligned}M=M\cdot S_{p+q}=\\\sum M(i_\mu\times j_v)=\\\sum(M_1 i_\mu)\times(M_2 j_v)\end{aligned}$$

如果 M_1,M_2 可测，则根据(1)，右侧的每个项必为 χ

可测,因而 M 亦可测.

如果仅有 M_2 的可测性得到保证,那么,有

$$\overline{M}_{\chi}=\lim_{k\to\infty}\overline{\{(M_1\sum_{\mu\leqslant k}i_{\mu})\times(M_2\sum_{v\leqslant k}j_v)\}}=$$
$$\lim_{k\to\infty}\overline{(M_1\sum_{\mu\leqslant k}i_{\mu})}_{\varphi}\cdot\overline{(M_2\sum_{v\leqslant k}j_v)}_{\psi}=$$
$$(\overline{M_1})_{\varphi}\cdot(\overline{M_2})_{\psi}$$

并且即使在两集 M_1,M_2 之测度,其一为 0,另一为 ∞ 时,情形亦复如此,这是由于此时在上式倒数第二个表达式中,一个因子为 0,另一个因子为有限的缘故.

推论 如果 A 为一个有界的闭集,并且 $|A|_{\psi}>0$,那么,$M\times A$ 在并且仅在 M 为 φ 可测时才会是 χ 可测的.

我们只需证明,M 的 φ 可测性可由 $M\times A$ 的 χ 可测性推得. 这可从式(14)来证明,因为左侧为

$$\inf(\overline{G\backslash M})_{\varphi}\cdot|A|_{\psi}$$

而右侧现在则为 0 的缘故.

§6 特殊的测度

到目前为止,我们诚然已经说明如何来计算繁复的集的测度,这些繁复的集,就是从可测集(比如从开区间或闭区间)通过加、减以及求交集的方法而得到的. 但是计算这些区间的测度,尚无一个简单的方法. 这个问题现在就要来解决,而从以下的辅助定理作为开端.

辅助定理 如果 i 为开区间,并且 j_1,j_2 为 S 中的

两个闭区间，对此，有

$$j_1 \subseteq i \subseteq j_2$$

成立，则

$$\varphi(j_1) \leqslant |i|_\varphi \leqslant \varphi(j_2)$$

因为按照§3开始时之所述，如果 $i = \sum i_v$ 为通过闭区间所表达出来的一个正规表现，那么本定理的正确性即可从2.2的辅助定理直接推得.

6.1　勒贝格测度　在勒贝格测度或 L 测度的情形下，我们有 $S = R_n, \varphi(x) = x_1 \cdots x_n$，以及一个闭区间 $i = [a, b]$ 的区间函数 $\varphi(i)$ 为 i 的初等几何容积

$$I(i) = (b_1 - a_1)(b_2 - a_2)\cdots(b_n - a_n)$$

一个集 M 的 L 测度在这里简单地用 $\overline{M}$ 或 $|M|$ 来表示，或者如有区分的必要时，用 $\overline{M}_L, |M|_L$ 来表示.

（1）每个由至多可数多个点所构成的集的 L 测度为0.

因为，如果这个集仅由一个点 P 所构成，那么我们就能够用一个容积为 $I(j) < \varepsilon$ 的闭区间 j 将此点包围起来. 假如 i 为对应的开区间，则根据辅助定理，i 的测度亦必小于 ε. 因此，对于每个 $\varepsilon > 0$，$\{P\}$ 的测度都是小于 ε 的，从而 $\{P\}$ 的测度是0. 如果 $M = \{P_1, P_2, \cdots\}$ 至多可数，那么根据4.2可知，M 的测度为

$$|M| = |\sum \{P_v\}| \leqslant \sum |\{P_v\}| = 0$$

（2）每个位于一个坐标平面 $x_k = c$ 内的集 M，其 L 测度为0.

只要对 $k = n$ 的情形来探讨就足够了. 我们把超平面 $R_{n-1}: x_n = c$ 分割成分离区间

$$g_v \leqslant x_v \leqslant g_v + 1 \quad (v = 1, \cdots, n-1)$$

$$x_n = c$$

其中 g_v 遍历所有整数. 这样就产生了可数多个区间 i_λ. 每个这样的区间都能够用充分"薄"的 R_n 中的开区间 j_λ 包围起来,使得所属之闭区间$[j_\lambda]$的容积为

$$I([j_\lambda]) < 2^{-\lambda}\varepsilon$$

因此,对于每个 $\varepsilon > 0$,可得

$$\overline{R}_{n-1} \leqslant \sum \bar{i}_\lambda \leqslant \sum |j_\lambda| \leqslant \sum I([j_\lambda]) < \varepsilon$$

所以

$$\overline{R}_{n-1} = 0$$

(3) 每个区间 $i = a, b$,不论其一部分的界点是否算入在内,都是 L 可测的,并且测度 $|i|$ 就是初等几何容积 $I(i)$.

因为根据 §5 中开始的(3)可知,所属的开区间为可测的. 借助于(2),5.1 和本节的辅助定理知,在此情形下,i 本身也是可测的,并且具有已给定的容积.

(4) 如果 M 为一有界集,那么,它的外黎曼容积 $\bar{I}(M)$满足

$$0 \leqslant \overline{M} \leqslant \bar{I}(M)$$

因为,对于每个 $\varepsilon > 0$,存在有限多个分离的闭区间 $i_1, \cdots, i_k$,使得

$$\sum i_v \supseteq M \text{ 与 } \sum |i_v| < \bar{I}(M) + \varepsilon$$

成立. 对于每个 i_v,有一开区间 $j_v \supseteq i_v$ 存在,满足

$$|j_v| < |i_v| + \frac{\varepsilon}{k}$$

于是,$G = \sum j_v$ 为一开集且 $G \supseteq M$,并对于每个 $\varepsilon > 0$,有

$$|G| \leqslant \sum |j_v| < \varepsilon + \sum |i_v|$$

因此

$$|G| < \bar{I}(M) + 2\varepsilon$$

从而定理得证.

(5)关于有界集的内、外容积,以下两条成立.

1)当 G 为开集时,$\underline{I}(G) = |G|$;

2)当 A 为闭集时,$\bar{I}(A) = |A|$.

因为,设 $G = \sum i_v$ 为一个通过分离的闭区间所表达的正规表现,那么对于每个 k,可得

$$\sum_{v=1}^{k} |i_v| \leqslant \underline{I}(G)$$

因此

$$|G| = \sum_{v=1}^{\infty} |i_v| \leqslant \underline{I}(G)$$

另一方面,如果 $j_1, \cdots, j_k$ 为某些包含于 $G = \sum i_v$ 中的分离的闭区间,那么从 2. 2 的辅助定理,我们得

$$\sum_{v=1}^{k} |j_v| \leqslant \sum_{v=1}^{\infty} |i_v| = |G|$$

因此

$$\underline{I}(G) \leqslant |G|$$

从这两个不等式,我们即得(5)中的 1).

对于闭集 A,我们选取一个开区间 $a \supseteq A$,所以,$G = a \backslash A$为开集. 如果 $G = \sum i_v$ 为正规表现,那么

$$A = a \backslash G \subseteq a \backslash \sum_{v=1}^{k} i_v$$

因此我们可知,对于每个 k,有

$$\bar{I}(A) \leqslant \bar{I}(a \setminus \sum_{v=1}^{k} i_v) = I(a \setminus \sum_{v=1}^{k} i_v) = |a| - \sum_{v=1}^{k} |i_v|$$

因此

$$\bar{I}(A) \leqslant |a| - \sum_{v=1}^{k} |i_v| = |a| - |G| = |A|$$

另一方面，根据(4)得

$$|A| \leqslant \bar{I}(A)$$

从这两个不等式，我们即得(5)中的2).

(6)每个可求积的集 M 必为可测的集，并且容积 $I(M)$ 与测度 $|M|$ 相一致.

因为，对于每个 $\varepsilon > 0$，必有一个有限的区间和集

$$I = \sum_{v=1}^{k} i_v \supseteq M$$

满足

$$\bar{I}(I \setminus M) < \varepsilon$$

我们用一个开区间 $j_v \supseteq i_v$ 来代替每个 i_v，而使

$$|j_v| < |i_v| + \frac{\varepsilon}{k}$$

那么

$$G = \sum j_v \supseteq I$$

为开集，而且根据(4)，可得

$$\overline{G \setminus M} \leqslant \overline{G \setminus I} + \overline{I \setminus M} < \varepsilon + \bar{I}(I \setminus M) < 2\varepsilon$$

从而求得 M 为可测.

现在，如果 $G \supseteq M$ 为一有界的开集，而

$$|G| < |M| + \varepsilon$$

那么根据(5)，有

$$I(M) = \underline{I}(M) \leqslant \underline{I}(G) = |G| < |M| + \varepsilon$$

因为 $I(M) \leqslant |M|$，而且根据(4)，有

$$|M| \leqslant I(M)$$

所以

$$I(M) = |M|$$

(7)每个开球与闭球都是可测的,它的测度与其初等几何容积相同.

借助勒贝格测度,我们能够赋予可积性判定法以如下的形式:

(8)如果$f(x)$在区间$i=[a,b]$内有界,那么,黎曼积分

$$\int_i f(x)\,\mathrm{d}x$$

存在的充分与必要条件是:$f(x)$的不连续点所组成的集的L测度为0.

因为一个点x_0,当且仅当$f(x)$在该点有正的振幅时,才会成为不连续点. 如果M_k为函数的振幅不小于$\frac{1}{k}$之点所组成的集,那么,有

$$M = \sum M_k$$

即为全部之不连续点所组成的集. 假如$f(x)$可积时,则每个M_k的容积为0,因而根据(4)知,其测度为0,因此$|M|=0$. 反之,如果$|M|=0$,由于$M_k \subseteq M$,则每个$|M_k|=0$. 因此,由于M_k显然是一个闭集,所以根据(5),有

$$\bar{I}(M_k) = 0$$

因而f可积.

6.2　关于连续φ的φ测度　我们容易认识到,6.1中的(1)与(2)对于任意的连续$\varphi(x)$也同样成立. 至于6.1中的(3),我们必须加些小心. 我们得到:

(3)每个区间i,无论有无一部分的界点算入在

内，都是 φ 可测的①，而且

$$|i|_{\varphi}=\varphi([i])$$

但仍需假定闭包 $[i]\subseteq S$.

(4)如果

$$\varphi(x)=\varphi_1(x_1)\cdots\varphi_n(x_n)$$

而 $\varphi_v(x_v)$ 为单调增加的连续函数，那么我们还能够给予 φ 测度一个另外的解释. 对于一个区间 $i=[a,b]\subseteq S$，根据 2.2(8)中的 2)，可得

$$\varphi(i)=\prod_{v=1}^{n}\{\varphi_v(b_v)-\varphi_v(a_v)\}$$

用

$$x_{\varphi}=(\varphi_1(x_1),\cdots,\varphi_n(x_n))$$

表示一个点 x 到 x_{φ} 的连续映射. 假设 $i_{\varphi}=[a_{\varphi},b_{\varphi}]$，那么，显然有

$$\varphi(i)=I(i_{\varphi})$$

在这里，右侧意味着 i_{φ} 的初等几何容积. 因此，根据(3)，则仍有

$$|i|_{\varphi}=I(i_{\varphi})=|i_{\varphi}|_L$$

而且无论 i_{φ} 有无一部分的界点算入在内都是一样的.

6.3 关于任意正度量的 φ 测度

(1)每个至多可数的点集，以及每个闭区间、开区间或半开区间都是可测的.

根据§5 中的(3)与(3)对应的定理可知，每个开区间与每个闭区间都是可测的. 同样，由单独一个点所

---

① 在勒贝格测度的情形 $S=R_n$. 在这里没有假定这一点，应事先假定 $i\subseteq S$. 显然，作者是注意到这一点的，所以说“必须加小心”. 但是，我们认为“必须加小心”对于 6.1 中的(1)和(2)也是必要的. ——俄译本注

组成之闭集亦必可测. 因而根据5.2可知,每个至多可数的集也仍然是可测的[①].

如果 $i=[a,b)$ 为一半开区间,那么我们作一闭区间

$$[a,d]\quad(d>b)$$

与一开区间

$$(c,b)\quad(c<a)$$

集 $[a,d]\cdot S$ 为在 S 上的闭集, $(c,b)\cdot S$ 为开集,因为这两个集均为可测集,同样其交集 i 也是可测的.

一般地说来,闭区间 $[a,b]$ 的测度与开区间 (a,b) 的测度不同,但以下的定理成立:

(2)对于一个开区间 $i=(a,b)$,有

$$|i|_{\varphi}=\lim\varphi(i_v)$$

在这里, $i_v=[a_v,b_v]$ 为闭区间且 $i_v\subseteq i,a_v\to a,b_v\to b$(假如 i 与 S 有一共同界点时,测度可能是 ∞).

根据本节的辅助定理,每个 $\varphi(i_v)\leqslant|i|$. 如果 $i=\sum j_\mu$ 是 i 的一个正规表现,则对于任意给定的 k,有

$$\sum_{\mu=1}^{k}j_\mu\subseteq i_v$$

对于一切 $v\geqslant v_0(k)$ 成立. 因此,根据2.2的辅助定理,可得

$$\sum_{\mu=1}^{k}\varphi(j_\mu)\leqslant\varphi(i_v)\leqslant|i|,v\geqslant v_0(k)$$

由于左侧当 $k\to\infty$ 时逼近于 $|i|$,因此,本定理得证.

(3)对于一个闭区间 $i=[a,b]$,这里也容许它可

---

① 这里漏了说明,所考虑的只是 S 中的集,这一点应一直记在心中. ——俄译本注

能退化成一个点的情形,有

$$|i|_{\varphi}=\lim \varphi(i_v)\geqslant\varphi(i)$$

其中,$i_v=[a_v,b_v]$为含 i 于其内部的区间,而且对此有 $a_v\to a,b_v\to b$.

有一个由先后相套的开区间 j_μ 所组成的序列,而所有的 j_μ 均含 i,且以 i 为其交集. 于是,根据5.5,有

$$|i|=\lim |j_\mu|$$

因而,对于每个 $\varepsilon>0$,都有一个开区间 $j\supseteq i$ 存在,使

$$|j|<|i|+\varepsilon$$

对于一切充分大的 v,则有

$$i\subseteq i_v\subseteq j$$

由于 i 位于 i_v 的内部,对于每个 v,必有一个开区间 i'_v,满足

$$i\subseteq i'_v\subseteq i_v$$

因此,根据本节的辅助定理可知,对于充分大的 v,有

$$|i|\leqslant|i'_v|\leqslant\varphi(i_v)\leqslant|j|<|i|+\varepsilon$$

由此,本定理得证[①].

(4)对于一个半开区间 $i=[a,b)$,其闭包$[a,b]\subseteq S$,则有

$$|i|=\lim \varphi(i_v)$$

在这里,$i_v=[a_v,b_v]\subseteq S,a_v<a<b_v<b$,并且 $a_v\to a$,$b_v\to b$.

区间 i 可以表示为可数多个区间 $j_1=[a,d],d<b$ 的和集,亦可表示为可数多个区间 $j_2=(c,b),c<a$ 的

---

① 不等的情形即$|i|_{\varphi}>\varphi(i)$是可能的. 现用例子来说明,当 $x\leqslant1$ 时,$\varphi(x)=0$;当 $x>1$ 时,$\varphi(x)=1$. 显然$|[0,1]|_{\varphi}=1$,$\varphi([0,1])=0$. ——俄译本注

交集. 因此,根据4.4与5.5,d与c可以这样地来选择,使得区间j_1,j_2的测度与$|i|$之差变为任意小. 对于充分大的v,有

$$j_1 \subseteq j_v' \subseteq i_v \subseteq j_2, j_v' = \left(\frac{a+a_v}{2}, \frac{d+b_v}{2}\right)$$

因此,根据本节的辅助定理,有

$$|j_1| \leqslant |j_v'| \leqslant \varphi(i_v) \leqslant |j_2|$$

从而定理得证.

上面最后的两项事实,将在以后研究斯蒂尔吉斯积分的时候用到.

(5)在R_{n+1}中,设S_{n+1}为(柱状的)开集

$$x \in S_n, -\infty < x_{n+1} < +\infty$$

其次,设$\varphi_n(i)$为S_n中的一个正度量,$|j| = b - a$为一区间$j: a \leqslant x_{n+1} \leqslant b$的初等几何容积,以及

$$\varphi_{n+1}(i \times j) = \varphi_n(i) \cdot |j|$$

为S_{n+1}中的度量. 如果M为在S_{n+1}中由点

$$x \in S_n, x_{n+1} = c \quad (c\text{ 为任意数})$$

组成的集,则

$$|M|_{\varphi_{n+1}} = 0$$

如果集$M \subseteq S_{n+1}$沿x_{n+1}轴的方向按伸长系数$c>0$而被伸长,亦即每个点$(x, x_{n+1}) \in M$被(x, cx_{n+1})所代替时,那么对于所产生的集M_c,有下式成立

$$(\overline{M_c})_{\varphi_{n+1}} = c\,\overline{M}_{\varphi_{n+1}}$$

如果M可测,则M_c亦可测.

首先假设i为S中的一闭区间,i^*为一开区间,使

$$i \subseteq i^* \subseteq [i^*] \subseteq S_n$$

S_{n+1}中的点集

$$I: x \in i, x_{n+1} = c$$

为在 S_{n+1} 中的开区间

$$I^*: x \in i^*, c-\varepsilon < x_{n+1} < c+\varepsilon$$

的一个子集. 因此,对于每个 $\varepsilon > 0$,有

$$|I|_{\varphi_{n+1}} \leqslant |I^*|_{\varphi_{n+1}} \leqslant \varphi_{n+1}([I^*]) = 2\varepsilon \cdot \varphi_n([i^*])$$

因此

$$|I|_{\varphi_{n+1}} = 0$$

如果 $S_n = \sum i_v$ 为 S_n 的一个正规表示,那么有

$$M \subseteq \sum I_v$$

其中每个 I_v 都为具有上面所给形式的集. 因此得到

$$\overline{M}_{\varphi_{n+1}} \leqslant \sum |I_v|_{\varphi_{n+1}} = 0$$

本定理的第二部分是这样证明的:如果 $G \supseteq M$ 为一开集,而且如果对 G 也施行伸长,那么 G_c 同样是一个开集,而且还包含 M_c;反之,从每个开集 G_c 通过施行系数为$\dfrac{1}{c}$的伸长,也产生开集 G. 如果对于一个区间 $i \times j$ 施行伸长,那么,显然有

$$(i \times j)_c = i \times j_c$$

因此,有

$$\varphi_{n+1}((i \times j)_c) = c\varphi_{n+1}(i \times j)$$

从而回顾一下开集测度的定义,我们得

$$|G_c|_{\varphi_{n+1}} = c|G|_{\varphi_{n+1}}$$

因此,得到

$$\overline{M}_c = \inf_{G_c \supseteq M_c} |G_c| = c \inf_{G \supseteq M} |G| = c\,\overline{M}$$

最后,如果 M 可测时,那么,我们得到

$$\inf_{G_c \supseteq M_c} \overline{G_c \backslash M_c} = c \inf_{G \supseteq M} \overline{G \backslash M}$$

因此,M_c 与 M 同时为可测.

(6)如果保留(5)的假设,而现在设 M 为在 S_{n+1} 中的一个任意的集,M' 为其关于平面 $x_{n+1}=0$ 的对称映象,也就是说:

若 $(x,-x_{n+1})\in M$,则 $(x,x_{n+1})\in M'$.

其次,M'' 为集 M 沿 x_{n+1} 轴方向平移一段 c 后所得的集,也就是说:

若 $(x,x_{n+1}-c)\in M$,则 $(x,x_{n+1})\in M''$,那么

$$\overline{M'}_{\varphi_{n+1}}=\overline{M''}_{\varphi_{n+1}}=\overline{M}_{\varphi_{n+1}}$$

如果 M 为 φ_{n+1} 可测时,那么 M' 与 M'' 也是 φ_{n+1} 可测的.

因为,如果 i 是 S_n 中的闭区间. j 为区间 $a\leqslant x_{n+1}\leqslant b$,以及 $I=i\times j$,那么 j' 即为区间 $-b\leqslant x_{n+1}\leqslant -a$,$j''$ 为区间 $a+c\leqslant x_{n+1}\leqslant b+c$. 因此,有

$$|j'|=|j''|=|j|$$

并且对于在 S_{n+1} 中对应的区间 I',I'',有下式成立

$$|I'|_{\varphi_{n+1}}=|I''|_{\varphi_{n+1}}=|I|_{\varphi_{n+1}}$$

从而,对于开集 $G\subseteq S_{n+1}$,我们推得

$$|G'|_{\varphi_{n+1}}=|G''|_{\varphi_{n+1}}=|G|_{\varphi_{n+1}}$$

从而,进一步可以推得本定理对于 M 是正确的.

对于一类特殊的度量函数,容易把集的 φ 测度归结为 L 测度.

(7)设在 R_1 的一个开基本区间 S 中,给定一个单调增加的函数 $\varphi(x)$,而并不需要假定它连续. 通过

$$y=x_{\varphi}=\varphi(x) \tag{1}$$

S 即映入区间 S_{φ} 之内(参见图8). 如果在一点 x,$\varphi(x)$ 有一个跃度,那么,在区间 S_{φ} 中,适合

$$\varphi(x-0)<y<\varphi(x)$$

或者

$$\varphi(x)<y<\varphi(x+0)$$

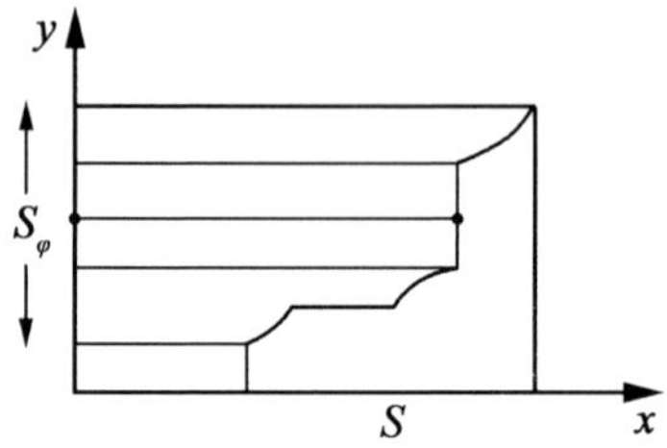

图 8

的点 y 不再成为映象点. 现在我们规定,对于每个点 $x\in S$,将通过式(1)而得到的适合

$$\varphi(x-0)\leqslant y\leqslant\varphi(x+0) \tag{2}$$

的点 y 之全部,视为与它相对应,并且把这些点 y 所组成的集称为 x 的 φ 象 x_φ. 因此,S 即被映在 S_φ 上,也就是,以前在 S_φ 可能产生之间隙,已经得到弥补.

一个开区间(a,b)的 φ 象是一个区间 $\varphi(a+0)$, $\varphi(b-0)$,但并不一定是开的;闭区间$[a,b]$的象,则为$[\varphi(a-0),\varphi(b+0)]$.

如果已给定 $y\in S_\varphi$,由全部满足不等式(2)的点 x 所组成的集称作 y 的原象,那么每个 S_φ 的子区间的原象,也仍然是一个区间.

(8)利用这个映象,φ 测度就能够变换成 L 测度.

1)如果 $i=(a,b)$为一个开区间,根据(2),则当 $\alpha\to a+0,\beta\to b-0$ 时,有

$$\begin{aligned}|i|_\varphi=\lim\{\varphi(\beta)-\varphi(\alpha)\}&=\\ \varphi(b-0)-\varphi(a+0)&=\\ |i_\varphi|_L&\end{aligned}$$

如果 $i=[a,b]$是一个闭区间,根据(3),则当 $\alpha\to a-0,\beta\to b+0$ 时,有

$$|i|_{\varphi}=\lim\{\varphi(\beta)-\varphi(\alpha)\}=$$
$$\varphi(b+0)-\varphi(a-0)=$$
$$|i_{\varphi}|_{L}$$

等式$|i|_{\varphi}=|i_{\varphi}|_{L}$,也可在 i 为一半开区间时,推导出来. 由于一个单个点 ξ 可以当作一个闭区间来看待,它的 φ 测度就是函数 $\varphi(x)$ 在 ξ 处的跃度,即

$$|\xi|=s(\xi)=\varphi(\xi+0)-\varphi(\xi-0)$$

因而,当且仅当 $\varphi(x)$ 在点 ξ 连续时,才能为 0.

2) 对于一个开集 $G\subseteq S$,则 $|G|_{\varphi}=|G_{\varphi}|_{L}$. 因为 G 能够用分离的开区间 i_{v} 而表示为 $\sum i_{v}$,而且根据 5. 2 以及根据 1),有

$$|G|_{\varphi}=|\sum i_{v}|_{\varphi}=\sum|i_{v}|_{\varphi}=\sum|i_{v,\varphi}|_{L}=|G_{\varphi}|_{L}$$

3) 如果 M_{φ} 为 $M\subseteq S$ 的 φ 象,则

$$\overline{M}_{\varphi}=\overline{(M_{\varphi})}_{L} \tag{3}$$

而且,集 M 当且仅当其 φ 象为 L 可测时,才会是 φ 可测的.

因为,一方面根据 2),对于开集 $G\supseteq M$,有

$$\overline{M}_{\varphi}=\inf_{G\supseteq M}|G|_{\varphi}=\inf_{G\supseteq M}|G_{\varphi}|_{L}\geqslant|M_{\varphi}|_{L} \tag{4}$$

另一方面,假如 $Q\supseteq M_{\varphi}$ 为开集,那么必有一开集 G 存在,具有性质

$$G\supseteq M,G_{\varphi}\subseteq Q \tag{5}$$

因为,对于每个 $x\in M$,φ 象是

$$x_{\varphi}=[\varphi(x-0),\varphi(x+0)]\subseteq M_{\varphi}\subseteq Q$$

因此,必有一个属于点 x 的邻域 u_{x},其 φ 象落于 Q 中,而 $G=\sum\limits_{x\in M}u_{x}$,即为一个具有所要求性质的集. 现在从式(5)与 2)即得

$$\overline{M_\varphi} \leqslant |G|_\varphi = |G_\varphi|_L \leqslant |G|_L$$

由于上式对于每个开集 $Q \supseteq M_\varphi$ 都成立,因而推得

$$\overline{M_\varphi} \leqslant (\overline{M_\varphi})_L$$

因此,与式(4)相结合,即推得等式(3).

其次,对于每个开集 $G \supseteq M$,有

$$(G \backslash M)_\varphi = (G_\varphi \backslash M_\varphi) + A \tag{6}$$

这里 A 为至多可数的.

因为,假如 $y \in G_\varphi \backslash M_\varphi$,因而 $y \in G_\varphi$,$y \notin M_\varphi$,那么,即有一个 $x \in G$,使 $y \in x_\varphi$. 在此情况下,$x \notin M$,因为假若不然,就会有 $x_\varphi \subseteq M_\varphi$,从而 $y \in M_\varphi$. 因此

$$x \in G, x \notin M$$

并且

$$y \in x_\varphi \subseteq (G \backslash M)_\varphi$$

从而

$$G_\varphi \backslash M_\varphi \subseteq (G \backslash M)_\varphi$$

反之,如果 $y \in (G \backslash M)_\varphi$ 而 $y \notin G_\varphi \backslash M_\varphi$,因而 $y \in G_\varphi$ 与 $y \in M_\varphi$,那么,有点 $x_1 \in G \backslash M$,$x_2 \in M$(所以 $x_1 \neq x_2$)存在,其 φ 象都含点 y. 因此,$\varphi(x)$ 在 x_1,x_2 之间为常数,而且其值为 y. 由于 $\varphi(x)$ 的定值区间至多可数,y 即属于一个至多可数的集 A,因此,式(6)即告得证.

如果 $G \supseteq M$ 为开集,那么现在根据式(3)与(6),有

$$\begin{aligned}(\overline{G \backslash M})_\varphi &= \{\overline{(G \backslash M)_\varphi}\}_L = \\ &\{\overline{(G_\varphi \backslash M_\varphi) + A}\}_L = \\ &(\overline{G_\varphi \backslash M_\varphi})_L\end{aligned} \tag{7}$$

如果 M_φ 为 L 可测,我们选取一个任意的开集 $Q \supseteq M_\varphi$. 根据式(5),存在一个开集 $G \supseteq M$,满足 $G_\varphi \subseteq Q$. 于是按照式(7),我们推得

$$\inf_{G\supseteq M}\overline{(G\backslash M)}_\varphi \leqslant \inf_{G\supseteq M_\varphi}\overline{(Q\backslash M_\varphi)}_L = 0$$

因而 M 为 φ 可测的. 反之,如果 M 为 φ 可测,则从式(7),即得

$$0 = \inf_{G\supseteq M}\overline{(G\backslash M)}_\varphi \geqslant \inf_{G\supseteq M}\overline{(G_\varphi\backslash M_\varphi)}_L$$

也就是 M_φ 能够通过 L 可测的集 G_φ 来逼近,而且可达任意高的精确度,故 M_φ 为 L 可测的.

相应地,当在 R_n 中,有

$$\varphi(x) = \varphi_1(x_1)\cdots\varphi_n(x_n)$$

而且每个 $\varphi_v(x_v)$ 单调增加时,上述这些结果亦同样有效. 现在选取一个开区间作为基本区域,而且所谓映象

$$y = x_\varphi \tag{8}$$

是指对于每个 $x\in S$,有满足

$$\varphi_v(x_v - 0) \leqslant y_v \leqslant \varphi_v(x_v + 0) \quad (v = 1,\cdots,n) \tag{9}$$

的所有点 y 与它对应. 为了将上述结果推广到目前的场合,我们可以利用本章中的 3. 4,4. 8 以及 5. 7. 例如,对于任意种类的区间 i,仍有

$$|i|_\varphi = |i_\varphi|_L$$

因此,特别是一个单个的点 x 的测度是

$$|x|_\varphi = s_1(x_1)\cdots s_n(x_n)$$

而

$$s_v(x) = \varphi_v(x+0) - \varphi_v(x-0)$$

§7　可测集的逼近及其结构

根据 §5 中的定义,一个集 M,当它能够通过开集 G 从外部来逼近而可达任意高的精确度时,称为可测

的. 但是,我们也可以说,一个集 M,当它能够通过 S 上的闭集 A 从内部来逼近而可达任意高的精确度时,称为可测的,这就有以下的定理:

7.1 一个集 M,当且仅当

$$\inf_{A\subseteq M} \overline{M\backslash A}=0$$

时,是可测的. 也就是说,如果对于每个 $\varepsilon>0$,有一个在 S 上的闭集 $A\subseteq M$,使得

$$\overline{M\backslash A}<\varepsilon$$

此时,我们有

$$|M|=\sup_{A\subseteq M}|A|$$

证明 根据5.4可知,如果 M 可测,它的补集 $S\backslash M$ 亦为可测. 也就是,两种说法

$$G\text{ 开集},G\supseteq M,\inf \overline{G\backslash M}=0 \tag{1}$$

及

$$Q\text{ 开集},Q\supseteq S\backslash M,\inf \overline{Q\backslash (S\backslash M)}=0 \tag{2}$$

为等价,而说法(2)则与

$$A=S\backslash Q\subseteq M,\inf \overline{M\backslash A}=0 \tag{3}$$

同意义. 由于 S 为开集,并且每个集对其本身而言为闭集,故 A 当且仅当 Q 为开集时才是 S 上的闭集. 因此,在式(3)中 A 是指 S 上的任意闭集. 所以,定理的第一部分已告证明.

第二部分的证明依据是 A 为闭集,故可测,从而如 $|A|<\infty$,则 $\overline{M\backslash A}=|M|-|A|$;如果有一个 $|A|=\infty$,显然也有 $|M|=\infty$.

系 如果 $\overline{M}<\infty$,在该定理中,仅观察有界的闭集 A 就够了.

为此我们仅需证明:对于每个在 S 上满足

$$\overline{M\backslash A^{*}} < \varepsilon$$

的闭集 $A^{*} \subseteq M$,必有一个有界的闭集 $A \subseteq A^{*}$,使得

$$|A^{*} \backslash A| < \varepsilon$$

因为在此情形,有

$$\overline{M\backslash A} \leqslant \overline{M\backslash A^{*}} + \overline{A^{*} \backslash A} < 2\varepsilon$$

为了这个证明,设

$$S = \sum i_v$$

为由分离的闭区间所表达的一个正规表现,而

$$I_k = \sum_{v=1}^{k} i_v$$

于是,可得

$$|A^{*}| = \lim_{k\to\infty} |I_k A^{*}|$$

因此,有一个 k 存在,使对于有界的闭集

$$A = I_k A^{*}$$

有

$$|A^{*} \backslash A| < \varepsilon$$

成立.

由于我们将集用任意的可测集来逼近,因而我们就走不出可测集的范围. 这个道理基本上已经包含在5.3和5.5中,但是,我们还以另一种形式来叙述它①.

7.2　一个集 M,当对每个 $\varepsilon > 0$,必有一个可测集 N,使得

$$M \subseteq N, \overline{N\backslash M} < \varepsilon$$

① 这里讲得不够清楚,下面的定理是精确的叙述. ——俄译本注

或

$$N \subseteq M, \overline{M \backslash N} < \varepsilon$$

时,是可测的.

证明 在第一种情形,有一个开集 $G \supseteq N$,使得

$$\overline{G \backslash N} < \varepsilon$$

于是 $G \supseteq M$,并且有

$$\overline{G \backslash M} = \overline{(G \backslash N) + (N \backslash M)} < 2\varepsilon$$

在第二种情形,我们还要另选一个开集 $Q \supseteq M \backslash N$,使得

$$|Q| < \overline{M \backslash N} + \varepsilon < 2\varepsilon$$

于是,有

$$G + Q \supseteq M \text{ 与} (G + Q) \backslash M \subseteq (G \backslash N) + Q$$

因此,得到

$$\overline{(G + Q) \backslash M} \leqslant \overline{G \backslash N} + |Q| < 3\varepsilon$$

如果关于一个集 M 的可测性毫无所知,那么我们能够借助于在 S 上的闭集 A,通过

$$\underline{M} = \sup_{A \subseteq M} |A|$$

而引进一个内测度. 如果 M 为可测,根据 7.3,则

$$\overline{M} = \underline{M} = |M|$$

反之,对于具有有限外测度的集,我们也能够证明,从 $\underline{M} = \overline{M}$ 也同样推得 M 的可测性. 但是,这并不一定对于 $\overline{M} = \infty$ 仍然成立. 因为,例如 M 是由一个在 R_1 的半直线 H 和一个位于其外部的不可测的集 N 组成时[①],

---

① 这样的集是存在的,将于本章 §8 中证明.

那么关于 L 测度，我们就会有

$$\overline{H+N} \geqslant \underline{H+N} \geqslant \underline{H} = \infty$$

但是，$H+N$ 并不是可测的集，因为若不然，根据 5.4 可知

$$N = (H+N) \backslash H$$

也就会是可测的了.

关于内测度，有与外测度相似的事实. 我们指出以下几条而不加以证明：

当 M 有界时，$\underline{I}(M) \leqslant \underline{M} \leqslant \overline{M} \leqslant \overline{I}(M)$；

当 G 为开集时，$\underline{G} = |G|$；

当 $M \subseteq N$ 时，$\underline{M} \leqslant \underline{N}$，$\underline{M+N} + \underline{MN} \geqslant \underline{M} + \underline{N}$；

当下面极限值有限时，有 $\underline{M_1 M_2 \cdots} = \lim\limits_{k\to\infty} \underline{M_1 \cdots M_k}$.

7.3　可测集的结构　一个集，当且仅当它可表示为至多可数多个在 S 上的完全集，一个测度为 0 的集以及一个至多可数之集的和集时，才是可测的.

证明　因为不但每个完全集是可测集，而且每个闭集也是可测集，因而按照上述方式所构成的任何集，确实是一个可测集. 反之，我们假设集 M 是可测的，那么根据 7.1 可知，$|M|$ 即为在 S 上 M 的闭子集 A 的测度的上限. 因此，对于每个自然数 k，必有一个在 S 上的闭集 $A_k \subseteq M$，使得

$$|M \backslash A_k| < \frac{1}{k}$$

集 $M_0 = \sum A_k$ 也同样是可测的. 因为每个 $A_k \subseteq M_0 \subseteq M$，所以对于每个 k，有

$$|M \backslash M_0| \leqslant |M \backslash A_k| < \frac{1}{k}$$

因此,有

$$|M\backslash M_0|=0$$

对于每个在 S 上的闭集 A_k,有一闭集 A_k^*,使得

$$A_k=SA_k^*$$

而且,A_k^* 可以表示为一个完全集与一个至多可数集的和集. 因此,A_k 可以表示为一个在 S 上的完全集 P_k 和一个至多可数的集 Z_k 的和集. 在这里,完全集也可能是不存在的. 因此,有

$$M=(M\backslash M_0)+M_0=$$
$$(M\backslash M_0)+Z+\sum P_k$$

其中,$M\backslash M_0$ 的测度为 0,并且 Z 可表示为至多可数多个至多可数集的和集,故其本身也是至多可数的.

注　卡拉切奥多利(Carathéodory)测度　将容积概念推广到这里所阐述的点集测度的理论,其最先的重要一步是 1898 年为波莱尔①所完成的. 在 R_1 中,他是从一点的测度为 0 及一个区间的测度为其初等几何容积出发的. 他首先定义了由互无共同点的集的至多可数多次加法,以及通过至多可数多次减法所得集的测度;其次,他定义了目前已经得到的通过上述运算产生出来的集的测度. 按照这样的方式进行,他就能够获得更为复杂的集. 在这里,测度是这样定义的,使得测度随着集的相加、相减而同样相加、相减. 在按照这样的方法得到的所

① 波莱尔(Borel,1871—1956)法国数学家,从事函数论、概率论和数学物理的教学工作. ——编者注

谓的波莱尔集中,很明显包括开集与闭集. 1901 年,勒贝格[①]把波莱尔的定义作了修改,使其能适用于较广范围之集;维他利(G. Vitali)[②]和杨格(W. H. Young)[③]比起来虽为时较晚,但却独立地获得了同一测度定义.

在导出 §4 和 §5 两节的定理时,特殊集的测度是极少用到的. 这两节的定理,对于更为一般的测度概念来说,也是适用的. 这样的更为一般的测度理论是由拉东(J. Radon)[④]、卡拉切奥多利、沙克斯(S. Saks)以及另外的一些人所发展起来的.

在这里,关于卡拉切奥多利测度,我们再来进行稍为深入的探讨. 设给定了基本集 S. 在这里,S 可以是一个任意的距离空间,例如,R_n 的子集. 集函数 $\mu(M)$,当其对于所有的 $M \subseteq S$,已定义,而且满足以下四项要求时,称为(外)卡拉切奥多利测度:

(1) $\mu(M) \geqslant 0$(包括值 ∞), $\mu(\Lambda)=0$.

(2) 如果 $M \subseteq N$,则 $\mu(M) \leqslant \mu(N)$.

(3) 对每个有限和或可数的无限和,有

$$\mu(\sum M_v) \leqslant \sum \mu(M_v)$$

---

① H. Lebesgue, Comptes rendus paris, 132(1901)1025/8.

② G. Vitali, Reale Istituto Lombardo di scienze e lettere. Rendiconti (2)37(1904)69 ff.; Rendiconti del circolo matematico di Palermo 18(1904)116 ff.

③ W. H. Young. Proceedings of the London Mathematical Society (2)2(1904)16 ff.

④ J. Radon, Sitzungsberichte der mathematisch – naturwissenschaftlichen Klasse der K. Akademie der Wissenschaften 122, Abt. 2a. Halbband. Wien, 1913, S. 1295 bis 1438.

(4)如果 M,N 有正的距离时,有

$$\mu(M+N)=\mu(M)+\mu(N)$$

以上的条件极为一般,我们容易给出满足它们的函数 μ.

(a)例如:

1)对于一切的 $M,\mu=0$.

2)设 a 为 S 的一个点,按照 $a\notin M$ 或 $a\in M$,令 $\mu(M)=0$或$=1$.

3)如果 M 恰由 k 个点所组成,令 $\mu(M)=k$,如果为无限集,则令 $\mu(M)=\infty$.

(b)在正度量函数 φ 之下的 φ 测度,是一个外卡拉切奥多利测度,而 $\mu(M)=\overline{M}_{\varphi}$. (1) ~ (4)的真实性,可从§4 的4.2 及4.3 推得.

(c)可测性. 即使在一般的卡拉切奥多利测度的情况下,我们仍然能够定义可测集的概念. 如果对于 $M\subseteq S$和每个 $N\subseteq S$,有

$$\mu(N)=\mu(NM)+\mu(N\backslash NM) \tag{4}$$

我们称集 M 为可测(关于选定的测度 μ). 因而可测集所组成的类,是与所选定之测度相关的. 在(a)项所列举的三个例中的集 $M\subseteq S$ 都是可测的. 在这些例中,对于互无共同点的任意的集,(4)显然成立. 总之,在 φ 测度的情形,按式(4)可测的集,即正好是在先前意义上的可测集. 也就是成立以下的定理:

关于 φ 测度(在正 φ 的情形)可测性的定义(c)与§5 中式(4)是一致的.

证明　设式(4)成立,并且 $\overline{M}_\varphi < \infty$. 于是,特别对于一个开集 $G \supseteq M$,而 $|G|_\varphi < \overline{M}_\varphi + \varepsilon$,则有

$$|G|_\varphi = \overline{M}_\varphi + (\overline{G \backslash M})_\varphi$$

因而

$$(\overline{G \backslash M})_\varphi < \varepsilon$$

所以按照先前的定义,M 是可测的. 如果 $\overline{M}_\varphi = \infty$,我们即选取一个正规表现 $S = \sum i_v$,而设 $M_v = M \cdot i_v$,于是,对于每个 $\varepsilon > 0$,必有一个开集 $G_v \supseteq M_v$[①],满足

---

①　俄译本对此作了如下的补充:

我们来证明,每一个集 M_v 确是按式(4)的意义为可测的. 因为 M 按式(4)的意义可测,则对于任意的 $N \subseteq S$,有

$$\mu(N) = \mu(MN) + \mu(N \backslash MN) \tag{5}$$

令 $N_1 = MN$,同时指出,i_v 也按式(4)的意义为可测的(由定理的第二部分推得). 于是,我们得到

$$\mu(MN) = \mu(N_1) = \mu(i_v N_1) + \mu(N_1 \backslash i_v N_1)$$

因为
$$i_v N_1 = i_v MN = M_v N$$
和
$$N_1 \backslash i_v N_1 = MN \backslash M_v N$$
因而推得

$$\mu(MN) = \mu(M_v N) + \mu(MN \backslash M_v N) \tag{6}$$

再令 $N_2 = N \backslash (M_v N)$. 于是,再一次利用 M 的可测性,又得到

$$\mu(N_2) = \mu(MN_2) + \mu(N_2 \backslash MN_2)$$

然而,因为

$$MN_2 = MN \backslash MM_v N = MN \backslash M_v N$$

和
$$N_2 \backslash MN_2 = (N \backslash M_v N) \backslash (MN \backslash M_v N) = N \backslash MN$$
所以
$$\mu(N \backslash M_v N) = \mu(MN \backslash M_v N) + \mu(N \backslash MN)$$
将最后的一个等式与式(5)和(6)对比,就得到

$$\mu(N) = \mu(M_v N) + \mu(N \backslash M_v N)$$

故 M_v 按式(4)的意义可测. ——译者注

$$\overline{G_v \backslash M_v} < \varepsilon \cdot 2^{-v}$$

于是,对开集

$$G = \sum G_v$$

有

$$(\overline{G \backslash M})_\varphi \leqslant [\overline{\sum (G_v \backslash M_v)}]_\varphi \leqslant$$

$$\sum (\overline{G_v \backslash M_v)} \varphi < \varepsilon$$

现在,反过来,设 M 按 §5 的意义是可测的,并设

$$G \supseteq M, (\overline{G \backslash M})_\varphi < \varepsilon$$

于是,对于一个任意的集 $N \subseteq S$,有

$$N \backslash NM \subseteq N \backslash NG + (G \backslash M)$$

因此,有

$$(\overline{N \backslash NM})_\varphi \leqslant (\overline{N \backslash NG})_\varphi + (\overline{G \backslash M})_\varphi \leqslant$$

$$(\overline{N \backslash NG})_\varphi + \varepsilon$$

另一方面,按照 4.6,则有

$$\overline{N}_\varphi = (\overline{NG})_\varphi + (\overline{N \backslash NG})_\varphi \geqslant$$

$$(\overline{NM})_\varphi + (\overline{N \backslash NM})_\varphi - \varepsilon$$

按照 4.1 知,还有

$$\overline{N}_\varphi \leqslant \overline{NM}_\varphi + \overline{N \backslash NM}_\varphi$$

从最后两个不等式即可推得(c)中式(4).

我们能够证明,对于每个卡拉切奥多利测度 μ,所有开集、所有闭集以及更为一般的,所有的波莱尔集,都是可测的. 其次,由至多可数多个可测集所得的和集与乘集,仍然是可测的,并且 §5 中的定理 4.1 至 4.5 也成立. 卡拉切奥多利测度的意义就是,尽管它具有很大的一般性,但这些定理至少对于所有的波莱尔集还

是成立的.

§8　关于勒贝格测度的进一步的研究

8.1　测度对于运动的不变性　在整个§8中,测度始终是指L测度,即$S=R_n$,而$\varphi(x)=x_1\cdots x_n$,所以在6.1中所述的事实成立.

在空间中,长方体的初等几何测度,并不因运动,即长方体的平行移动与旋转而有何改变.现在要问,对于点集的L测度,这项事实是否也成立呢?

很容易看出,在集平行移动时,其测度和可测性仍保持不变.因为,测度在§4中是借助开集而定义的,并且它们的测度,按照§3为$|G|=\sum|i|$,在这里假设$G=\sum i$是G用区间表示的一个正规表现.由于一个区间$i=[a,b]$的L测度仅与差b_v-a_v有关,而这些值则当i平行移动时并无改变,因而一个开集的测度,虽经平行移动,仍得到保持.因此,同一事实,对于每个集的可测性亦必成立.

还必须研究,上面事实对于集的旋转是否仍然成立.如果一个开集G的测度定义中,用覆盖G的球的测度来代替区间的测度的话,这个问题的解答是肯定的.因为我们将这些球与集G一同旋转时,它们仍然覆盖集G.但是,如果我们把半径为r的球K的测度,按照6.1中(7)与1.3定义为$|K|=\Omega_n r^n$时,一个球的测度在旋转时毫无改变.

实际上,我们能够借助于球,而把G的测度求出来.也就是说,以下定理成立:

对于每个开集G,有

$$|G| = \inf \sum |K_v|$$

但取下限时,所有由闭球(或开球)K_v,而 $\sum K_v \supseteq G$,所组成的可数集,都在考虑之中.

证明[①] 设 $G = \sum i_v$ 是一个正规表现,这个正规表现的选择,要使区间 i_v 为正则,即区间是正方体,而其界平面则与坐标平面相平行. 对于每个正方体,我们都作一个内切的同心的闭球,而直径 $2r$ 为此区间的广度,即正方体的边长. 于是,正方体与球的容积的差即为

$$(2r)^n - \Omega_n r^n = \delta_0 (2r)^n, \delta_0 = 1 - \frac{\Omega_n}{2^n} < 1$$

因此,δ_0 为与区间和球无关的数. 如果球用 k'_v 标记时,那么,可得

$$|G - \sum k'_v| = \delta_0 |G|$$

对于一个固定的数 δ,$\delta_0 < \delta < 1$,我们能够选取有限多个 k'_v,使得当

$$G_1 = G - \sum_{v=1}^{m_1} k'_v$$

有

$$|G_1| < \delta |G|$$

和集 $\sum\limits_{v=1}^{m_1} k'_v$ 是一个闭集,因此,G_1 仍然是一个开集. 我们将此作法对 G_1 再重复地做一次,即获得一个开集

$$G_2 = G_1 - \sum_{v=1}^{m_2} k''_v$$

① W. Jurkat, Mathematisch Zeitschrift 54 (1951) 343,脚注 3.

而

$$|G_2| < \delta |G_1| < \delta^2 |G|$$

如果我们将此作法继续下去,那么就可得到球 k 的可数集,并且由于 $|G_k| \to 0$,因而

$$R = G - \sum k$$

即构成测度为 0 的集.这个集,对于一个任意的 $\varepsilon > 0$,都能够通过一个开集 Q,而 $|Q| < \varepsilon$ 覆盖它;对于这个开集,仍然存在一个具有正则区间的正规表现 $Q = \sum j_v$.现在对于每个 j_v,我们都选取一个同心的闭球 l_v,其直径 $2r$ 等于这个正方体的对角线.如果区间 j 的广度为 s,则就有

$$n\left(\frac{s}{2}\right)^2 = r^2$$

于是,球容积即成 As^n,而 $A = \Omega_n\left(\frac{\sqrt{n}}{2}\right)^n$ 为与此特殊区间和球无关的常数.因此即得

$$\sum |l_v| = A|Q| < \varepsilon A$$

所以,总括起来,G 即被可数多个球所覆盖,而其容积和小于 $|G| + \varepsilon A$.如果 G 按照任意的方式用可数多个球 K_v 覆盖时,那么,可得

$$|G| = \inf \sum |K_v|$$

到目前为止,所有的球 K_v 都是闭球.由于我们能够将每个闭球 K_v 都用一个开球 K_v^* 包围起来,使得 $\sum |K_v^*|$ 与 $\sum |K_v|$ 之差可以变为任意小,因而,即使在 G 用开球覆盖时,此定理还是成立的.

8.2　不可测集　并非每个集都是可测的.以下维他利所给之例,就说明了这个问题.

设 ξ 为一无理数或 0,并设 M_ξ 为由实数 $\xi + r$ 所组

成的(可数)集,其中 ξ 固定,而 r 则遍历全部的有理数. 对于这样的集,显然当且仅当 $\xi_2-\xi_1$ 为一有理数时,才会有 $M_{\xi_1}=M_{\xi_2}$;如非此情形时,那么它们就是无共同点的了. 从每个实际上互不相同的集 M_ξ 中,选出一个位于区间$[0,1]$内的数 $x=x(\xi)$. 所有选出之数 x,构成了一个集 $N(x)$. 可以证明,这个集是一个不可测集.

如果对于两个有理数 s_1,s_2,而由 $N(x)$ 经平行移动所产生的集 $N(x+s_1)$,$N(x+s_2)$有一个共同点,比如,$x_1+s_1=x_2+s_2$ 时,那么 x_1,x_2 就要属于同一个集 M_ξ. 但由于从每个这样的集只有一个数 x 被取出,所以 $x_1=x_2$,因此 $s_1=s_2$,也就是,如果 $s_1\neq s_2$,两个集 $N(x+s_1)$ 与$N(x+s_2)$是无共同点的.

假如 $N(x)$是可测的,那么根据8.1经平行移动后所产生之集 $N(x+s)$,也是可测的了. 因此

$$T=\sum_{k=1}^{\infty} N\left(x+\frac{1}{k}\right)$$

也是可测的,这个集落于区间$[0,2]$之中. 因此它的测度不大于2. 由于集无共同点,所以,可得

$$|T|=\sum_{k=1}^{\infty}\left|N\left(x+\frac{1}{k}\right)\right|$$

由于全部的项有同样的值$|N(x)|$,故$|N(x)|=0$. 因此,每个$|N(x+s)|=0$,从而,可得

$$|T^*|=\left|\sum_{s} N(x+s)\right|=0$$

其中,s 则遍历全部有理数. 但是集 T^* 包含全部的实数,故必有$|T^*|=\infty$,因此导致了矛盾.

8.3 设 $A_1,A_2,\cdots$为一可测集的序列. 所谓序列以正的密度收敛于一个点 P,是指对于每个 A_v,都有一个以 P 为中心的球 k_v,使当 $v\to\infty$ 与$|A_v|\geqslant\alpha|k_v|$时,

有

$$A_v \subseteq k_v, |k_v| \to 0 \tag{1}$$

而 $\alpha = \alpha(P) > 0$ 为一个数，数 α 称作收敛密度.

8.4　维他利－卡拉切奥多利覆盖定理　设 M 为一个任意的点集，$C(A)$ 为一个由闭集 A 所组成的集，并具有下列性质：对于每个点 $P \in M$，在 C 中必有一个由集 A 所组成的序列，以正密度收敛于 P. 那么，在 C 中必有一序列 $A_1, A_2, \cdots$ 存在，序列中的集互无共同点，并且几乎把整个的集 M 覆盖起来，也就是说

$$|M - M\sum A_v| = 0 \tag{2}$$

与

$$\overline{M\sum A_v} = \overline{M} \tag{2'}$$

成立[①].

证明[②]　式(2′)是由(2)所导出，这是由于，一方面

$$\overline{M\sum A_v} \leqslant \overline{M}$$

另一方面

$$M = M\sum A_v + (M - M\sum A_v)$$

因此，由于式(2)，可得

$$\overline{M} \leqslant \overline{M\sum A_v} + \overline{M - M\sum A_v} = \overline{M\sum A_v}$$

因此，只需证明式(2)就可以了.

---

① 应当注意，前提条件中并未提及是否每个 A 都含有 M 的点作为元素. 虽然如此，总可证明，和集 ΣA_v 几乎把整个的 M 覆盖起来. ——编者注

② 以下的证明实质上是来自 S·巴拿赫，Fundamenta Mathematicae 5(1924) 130. ——编者注

我们首先给出两项注意：

(1) 如果 $G \supseteq M$，而且为开集，那么，限制集 $A \subseteq G$ 时，本定理的假设仍保持不变. 因而在证明时，我们能够假设 C 仅含有集 $A \subseteq G$. 那么自然地，在式(2)里也就只有集 $A_v \subseteq G$ 了.

(2) 如果本定理对于有界集 M 已被证明时，那么它就对一般集成立. 因为，我们构造开区间集

$$i: g_v < x_v < g_v + 1 \quad (v = 1, \cdots, n)$$

其中，g_v 遍历全部的整数. 这个区间集可以写成序列

$$i_1, i_2, \cdots$$

集 $M_p = i_p M$ 是有界的. 在本定理对有界集已被证明之假设下，在 $C(A)$ 中，有互无共同点之集所组成的序列 $A_{p1}, A_{p2}, \cdots$，对此，可得

$$\left| M_p - M_p \sum_v A_{pv} \right| = 0 \tag{3}$$

按照注意(1)，可以选取 $A_{pv} \subseteq i_p$. 因此，全体

$$A_{pv} \quad (p = 1, 2, \cdots; v = 1, 2, \cdots)$$

仍互无共同点，并且仍然可以写成一个简单的序列 $A_1, A_2, \cdots$. 于是，等式(3)的含义即与

$$\left| M_p - M_p \sum_v A_v \right| = 0$$

的含义一致.

我们关于 p 进行求和，从而即得

$$\left| \sum_v M_p - \sum_p M_p \sum_v A_v \right| = 0 \tag{4}$$

现在，M 与 $\sum M_p$ 之间的差异，仅由落在 i 的界平面上的点表现出来. 因此 M 的子集，根据 6.1(2) 可知，测度为 0. 因此，式(4)与式(2)的含义一致.

根据注意(2)，为了证明本定理，我们可以假设 M 是有界集. 我们准备用一较宽的假设 $\overline{M} < \infty$，来代替这

个假设. 所以,开集 $G \supseteq M$ 同样具有有限的测度. 根据注意(1),我们可以进一步假设每个 $A \subseteq G$. 我们现在就在这些假设下证明本定理. 首先证明下面的一个特殊情形:

(3) 属于点 $P \in M$ 的收敛密度 $\alpha(P)$,有一个正的下限 α_0. 现在,我们从 C 中去掉一部分多余的集而留下那些集 A,它们中的每一个落于某一个球 k 内. 对此,有

$$|A| \geqslant \alpha_0 |k| \tag{5}$$

成立. 根据假设,这样一个受了限制的集 C 不是空集,并且同样满足本定理的假设. 现在从 C 中这样来选择集 A_v,使得它们必须互无共同点,并且每个 A_v 的测度(如果可能)为全部与 $A_1 + A_2 + \cdots + A_{v-1}$ 无共同点之集 A 的测度的最大值. 这个条件,当然一般说来并不一定成立,因为一个这样的最大值,并不一定存在. 但是,我们只要证明,如果有一固定的数 $a > 1$,至少对于上述的全部 A,有 $|A| < a|A_v|$ 成立时,即已经足够了.

按照上面的说法,一个集 A_1,从 C 选取出来,使得对于一个固定的 $a > 1$,每个 $|A| < a|A_1|$[①]. 其次,一个集 A_2,从 C 选取出来,使得 $A_2A_2 = \Lambda$,并且对于全部满足 $AA_1 = \Lambda$ 之 A,有 $|A| < a|A_2|$ 成立. 再次,选取一个集 A_3,使得

$$A_3(A_1 + A_2) = \Lambda$$

---

① 这是可能的. 因为,由于每个 $A \subseteq G$,所以

$$M = \sup |A| < \infty$$

在此,根据以上的提示,仅有满足式(5)的 A 起作用. 如果我们如此选取 A_1,使 $|A_1| > \dfrac{M}{a}$,则每个 $|A| \leqslant M < a|A_1|$. 若我们应用此论证到 C 的这样的子集上,则论证对于以后 A_v 的选取也成立.

并且对于满足

$$A(A_1+A_2)=\Lambda$$

的全部 A，有

$$|A|<a|A_3|$$

成立. 依此方法进行下去，则得一(可能是中断的)序列 $A_1,A_2,\cdots$ 具有这样的性质，即对于每个 k，以及令 $S_{k-1}=A_1+\cdots+A_{k-1}$，关系式

$$A_kS_{k-1}=\Lambda,|A|<a|A_k| \tag{6}$$

及对于满足

$$AS_{k-1}=\Lambda$$

之一切 A 恒成立.

如果序列中断时，也就是说，例如在 $A_1,\cdots,A_{k-1}$ 选出之后，对于每个 A，有

$$AS_{k-1}\neq\Lambda \tag{7}$$

若 $P\in M$ 是任意选定的，那么有 P 的任意小的邻域，在其中包含着集 A. 由于式(7)，在每个这样的邻域里，必有属于 S_{k-1} 的点，即 P 为闭集 S_{k-1} 的聚点. 因此

$$P\in S_{k-1}$$

由于 P 是 M 的一个任意点，因而 $M\subseteq S_{k-1}$. 于是，可得

$$M-MS_{k-1}=\Lambda$$

所以，式(2)确实成立.

依此，我们可以进一步假设，序列 $A_1,A_2,\cdots$ 并不中断. 由于 A_v 互无共同点，因而，有

$$\sum|A_v|\leqslant|G|$$

收敛，特别地，当 $v\to\infty$ 时，$|A_v|\to 0$.

每个集 A_v，落于一个半径为 r_v 的球 k_v 中，而且满足

$$|A_v|\geqslant\alpha_0|k_v|>0 \tag{8}$$

设 K_v 为与 k_v 同心的球，其半径为

$$R_v = \left(1 + \sqrt[n]{\frac{a}{\alpha_0}}\right) r_v = c r_v \tag{9}$$

我们要证明对于每个 k，有下式成立

$$M \subseteq S_{k-1} + \sum_{v=k}^{\infty} K_v \tag{10}$$

设 $P \in M$，但 $P \notin S_{k-1}$. 那么要证明，有一个 $\lambda \geqslant k$ 存在，使得 P 为 K_λ 的元素. 由于 S_{k-1} 为闭集，P 至 S_{k-1} 的距离 d 为正，在 P 的 d 邻域里，有一集 $A^* \in C$，一个以 P 为中心，r^* 为半径的球 k^*，满足

$$A^* \subseteq k^*, |A^*| \geqslant \alpha_0 |k^*| \tag{11}$$

对于这个集，有 $A^* S_{k-1} = \Lambda$，因而

$$|A^*| < a|A_k| \tag{12}$$

假如，对于每个 $x \geqslant k$，$A^* S_{x-1} = \Lambda$ 时，那么按照序列 $\{A_v\}$ 的构造方法，对于所有这些 x，仍必有

$$|A^*| < a|A_x|$$

而由于 $|A_x| \to 0$，所以

$$|A^*| = 0$$

但是，这是与式(11)的第二部分相矛盾的. 因此，存在着一个 $\lambda \geqslant k$，使得

$$A^* S_{\lambda-1} = \Lambda, A^* A_\lambda \neq \Lambda$$

从这两个关系式，即可推得

$$|A^*| < a|A_\lambda|, k^* k_\lambda \neq \Lambda \tag{13}$$

从式(11)和式(13)的测度关系式与 $A_\lambda \subseteq k_\lambda$，我们导出

$$|k^*| < \frac{a}{\alpha_0}|A_\lambda| \leqslant \frac{a}{\alpha_0}|k_\lambda|$$

因此

$$r^* < r_\lambda \sqrt[n]{\frac{a}{\alpha_0}}$$

由于式(13)的第二个部分与式(8)，则 $P \in K_\lambda$（参见图

9). 式(9)即告证明.

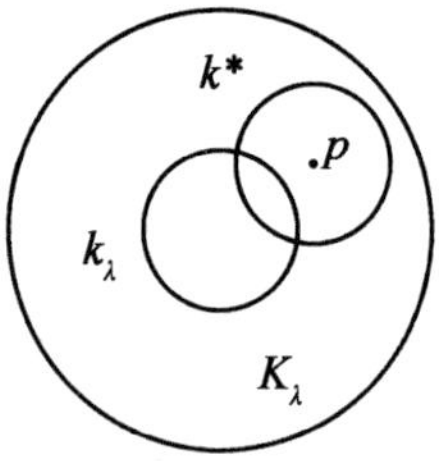

图 9

从式(8)与(9),我们推得

$$|K_\lambda| = c^n |k_\lambda| \leqslant \frac{c^n}{\alpha_0} |A_\lambda|$$

因此,根据式(9),对于每个 k,有

$$\overline{M - M\sum A_v} \leqslant \overline{M - MS_{k-1}} \leqslant \frac{c^n}{\alpha_0} \sum_{v=k}^{\infty} |A_v| \qquad (14)$$

由于右侧的级数收敛,从而当 $k \to \infty$ 时,即可得式(2).

(4)现在我们还必须证明本定理的一般情形,即集 M 的收敛密度无正的下限的情形. 为了证明这一点,仍需利用(3)的结果. 如果 M_α 为由收敛密度 $\geqslant \alpha > 0$ 的点 $P \in M$ 所组成子集,那么,显然当 $0 < \beta < \alpha$ 时,有 $M_\beta \supseteq M_\alpha$. 根据(3),特别是根据式(14),在 C 中,存在着有限个互无共同点的集 $A_1, \cdots, A_{k_\alpha}$,使得

$$\overline{M_\alpha - M_\alpha S_{k_\alpha}} < \alpha, \text{而 } S_{k_\alpha} = A_1 + \cdots + A_{k_\alpha} \qquad (15)$$

其次,应需证明,对于每个 $0 < \beta < \alpha$,序列 $A_1, \cdots, A_{k_\alpha}$ 都可扩张为一个序列 $A_1, \cdots, A_{k_\alpha}, \cdots, A_{k_\beta}$,使得

$$\overline{M_\beta - M_\beta S_{k_\beta}} < \beta \qquad (16)$$

成立.

集 $Q = G \backslash S_{k_\alpha}$ 是开集. 我们应用结果式(15),在其中以 QM_β 代替 M_α. 那么,我们即得互无共同点的集所

组成的序列 $A_1^*,\cdots,A_m^*$[①]，而且序列中的集，我们以

$$A_{k_\alpha+1},\cdots,A_{k_\beta}$$

来表示. 因而，可得

$$\overline{QM_\beta - QM_\beta S_m^*} < \beta, \text{而 } S_m^* = A_1^* + \cdots + A_m^* \quad (17)$$

根据注意(1)，我们可以选取 $S_m^* \subseteq Q$. 那么，所有

$$A_v \quad (1 \leqslant v \leqslant k_\beta)$$

也互无共同点. 其次，有

$$M_\beta - M_\beta S_{k_\beta} \subseteq G - GS_{k_\beta} \subseteq G - S_{k_\alpha} = Q$$

因此，左侧并不含有 S_{k_α} 的点，而且

$$M_\beta - M_\beta S_{k_\beta} = Q(M_\beta - M_\beta S_{k_\beta}) = QM_\beta - QM_\beta S_m^*$$

因此，由于式(17)，事实上即可推得式(16).

这个有关序列 $A_1,A_2,\cdots,A_{k_\alpha}$ 的扩张方法，对于收敛于 0 的一数列 $\alpha_1 > \alpha_2 > \cdots$，令 $\alpha = \alpha_\mu, \beta = \alpha_{\mu+1}$，无限地施行下去. 这样，就产生一个互无共同点的集所组成的序列 $A_1,A_2,\cdots$，而且对于 $S = \sum A_x$ 与序列 $\{\alpha_v\}$ 中两个任意的数 $\alpha > \beta$，则有

$$M_\alpha - M_\alpha S \subseteq M_\beta - M_\beta S \subseteq M_\beta - M_\beta S_{k_\beta}$$

因此，得到

$$\overline{M_\alpha - M_\alpha S} \leqslant \overline{M_\beta - M_\beta S_{k_\beta}} < \beta$$

所以，当 $\beta \to 0$ 时，对于每个 $\alpha = \alpha_v$，有

$$|M_\alpha - M_\alpha S| = 0$$

由于 $M = \sum M_{\alpha_v}$，从而即得论断(2).

8.5　函数的可微性及勒贝格定理　函数 $f(x)$ 在区间 $[a,b]$ 内有有界的变差时，有至多可数多个不连续点. 借助于维他利定理，我们还能证明一个有关函数可微性的论断. 在这里我们将要利用以下的记号. 假如

---

① 这个序列可能是空的.

$f(x)$定义在区间$[a,b]$上，并在其中有有限值时，则在区间之一点ξ，有：

下导数

$$\underline{D}f(\xi)=\underline{\lim}_{x\to\xi}\frac{f(x)-f(\xi)}{x-\xi}$$

上导数

$$\overline{D}f(\xi)=\overline{\lim}_{x\to\xi}\frac{f(x)-f(\xi)}{x-\xi}$$

于此，在构制上、下限时仅考虑区间$[a,b]$中的数x. 显而易见，有

$$-\infty\leqslant\underline{D}f(\xi)\leqslant\overline{D}f(\xi)\leqslant+\infty$$

而且，当$\underline{D}f(\xi)=\overline{D}f(\xi)\neq\pm\infty$时，$f(x)$在点$\xi$才是可微的.

上面提到的定理就是：

勒贝格定理 如果函数$f(x)$在区间$[a,b]$内有有界的变差时，则在区间中$f(x)$无有限之导数的点做成一个测度为0的集.

证明 由于每个有有界变差之函数，可以表示为两个单调增加函数之差，因而本定理仅就单调增加函数$f(x)$加以证明就够了. 对于这样的函数，显然有

$$\underline{D}f\geqslant 0$$

$f(x)$无有限导数之点所组成的集M，由$\overline{D}f(\xi)=\infty$之点$\xi$所组成的集$N_1$与使$0\leqslant\underline{D}f(\xi)<\overline{D}f(\xi)<\infty$之点$\xi$所组成的集$N_2$来组成. 对每个具有后一性质之点，必有有理数$0<r<s$，适合

$$0\leqslant\underline{D}f(\xi)<r<s<\overline{D}f(\xi)$$

对于给定的r,s，使不等式得以成立之点所组成的集，我们如以$N_2(r,s)$表示，那么，有

$$M = N_1 + \sum_{r,s} N_2(r,s)$$

于此,求和需涉及全部可数多个有理数对 $0 < r < s$. 因此, $|M| = 0$ 这种论断,当

$$|N_1| = 0$$

与每个

$$|N_2(r,s)| = 0$$

时才是正确的.

(1)如果 $i = [\alpha, \beta]$ 为 $[a, b]$ 的一个闭子区间,那么,令

$$f(i) = f(\beta) - f(\alpha)$$

对于每个 $\xi \in N_1$,由于

$$\overline{D}f(\xi) = \infty$$

故对于每个 $u > 0$, 都有一个闭区间序列 $i_1(\xi)$, $i_2(\xi)$,…具有以下性质:ξ 是每个区间 $i_v(\xi)$ 的界点,全部的区间位于 $[a,b]$ 之中,于是

$$\lim_{v \to \infty} |i_v(\xi)| = 0 \text{ 与 } f(i_v) > u|i_v| \tag{18}$$

成立. 根据维他利定理①,在这些区间的总和中,存在着由至多可数多个分离的区间 j_v 所组成的子集,满足

$$\overline{N_1 \sum j_v} = \overline{N}_1$$

因而

$$\sum |j_v| \geqslant \overline{N}_1$$

于是根据式(18),有

$$\sum f(j_v) > u\overline{N}_1 \tag{19}$$

由于 j_v 为分离区间,而且 $f(x)$ 为 x 的单调增加函数,

---

① 那里的集 A 都是区间 i,而且可以选取 $\alpha = \frac{1}{2}$.

则式(19)的左侧至多等于$f(b)-f(a)$. 因此从式(19),我们即得

$$f(b)-f(a)>u\overline{N}_1$$

而且对于每个$u>0$,都确实成立. 因此,实际上就是$|N_1|=0$.

(2)设给定$\varepsilon>0$,有一开集$G\supseteq N_2(r,s)$存在,使得

$$|G|\leqslant\overline{N_2(r,s)}+\varepsilon \tag{20}$$

对于每个$\xi\in N_2$①,由于$\underline{D}f(\xi)<r$,故有一闭区间的序列$i_1(\xi),i_2(\xi),\cdots$具有以下性质:ξ为每个区间$i_v(\xi)$的界点,全部区间既位于$[a,b]$之内,又位于G之内. 于是,有

$$\lim_{v\to\infty}|i_v(\xi)|=0 \text{ 与 } f(i_v)<r|i_v| \tag{21}$$

成立. 我们可以仿照(1),从维他利定理得出结论,即在全部i中,存在着可数多个分离区间$j_1,j_2,\cdots$,满足

$$\overline{N_2\sum j_v}=\overline{N}_2$$

由于区间均位于G与$[a,b]$之中,因而根据式(20),必有

$$\sum|j_v|\leqslant\overline{N}_2+\varepsilon \tag{22}$$

因此,根据式(21),有

$$\sum f(j_v)\leqslant r(\overline{N}_2+\varepsilon) \tag{23}$$

现在设j_v^*为由j_v经去界点后而得的开区间. 从式(22),仍得

$$\overline{N_2\sum j_v^*}=\overline{N}_2 \tag{24}$$

这是由于左侧之集有至多可数多个点被除去. 对于每

① 现在把$N_2(r,s)$简写为N_2.

个 $\xi \in N_2 \sum j_v^*$，仍有一闭区间序列 $k_1(\xi), k_2(\xi), \cdots$ 具有以下性质：ξ 为这些区间 $k_v(\xi)$ 的界点，对于固定的 ξ，全部 $k_v(\xi)$ 均位于一个 j_p^* 之中，于是有

$$\lim_{v\to\infty} |k_v(\xi)| = 0, f(k_v) > s|k_v| \tag{25}$$

成立. 后一个不等式是由于当 $\xi \in N_2$ 时，$\overline{D}f(\xi) > s$ 成立. 根据维他利定理，在全体 k 中，仍有分离的区间 l_v 所组成的可数子集，使得

$$\overline{(N_2 \sum j_v^*)\sum l_v} = \overline{N_2 \sum j_v^*} = \overline{N}_2$$

后一等式是由式(24)得到的. 因此，特别有

$$\sum |l_v| \geqslant \overline{N}_2$$

所以，根据式(25)，得

$$\sum f(l_v) \geqslant s\,\overline{N}_2 \tag{26}$$

现在每个 l_v 都是一个 j_p 的一部分，因而由于 $f(x)$ 单调增加，得

$$\sum f(j_p) \geqslant \sum f(l_v)$$

因此，根据式(23)与式(26)可知，对于每个 $\varepsilon > 0$，有

$$r(\overline{N}_2 + \varepsilon) \geqslant s\,\overline{N}_2$$

由于 $\overline{N}_2 \leqslant b - a < \infty$ 与 $r < s$，从此不等式即得 $|N_2| = 0$.

哈尔测度[①]

第6章

§1 开子群

在开始阐述拓扑群中的测度理论以前，我们要在本节内引进三条拓扑方面的定理，这些定理在测度论里有很重要的用处. 设 Z 是拓扑群 X 的子群，如果 Z 本身是一个开的子集，则称 Z 是 X 的开子群. 我们要证明，拓扑群 X 的开子群 Z 拥有 X 的全部拓扑性质——出乎 Z 的范围以外的性质，则可以通过 Z 的左陪集类的结构而表达出来，这个左陪集类的拓扑结构是离散的. 我们还要证明，每一个局部紧拓扑群必有充分小的开子群. 换句话说，必有这样的开子群：在这些开子群里，测度在无穷远点处的不规则现象不可能发生.

1.1 拓扑群 X 的子群 Z 是开子群

① 本章内容摘编自哈尔莫斯的《测度论》.

的必要和充分条件是:Z 具有非空的内部 Z^0.

证明　条件显然是必要的. 现在证明条件的充分性. 因为 $Z^0 \neq 0$,所以在 Z^0 中存在元素 z_0. 设 z 是 Z 的任意元素,则 $zz_0^{-1} \in Z$,因而 $zz_0^{-1}Z = Z$. 于是

$$zz_0^{-1}Z^0 = Z^0$$

从而,得到

$$z = (zz_0^{-1})z_0 \in Z^0$$

由于 z 是 Z 中任意的元素,因此 $Z \subset Z^0$. 换句话说,Z 是一个开集.

1.2　设 Z 是拓扑群 X 的开子群,则任意多个 Z 的左陪集的并集在 X 中既是开集又是闭集.

证明　因为任意多个左陪集之并的余集,其本身还是一个同样类型的并集,而以开集为余集的集必为闭集,所以只需证明,任意多个左陪集之并是一个开集. 又因为开集的并集必为开集,所以只需证明,Z 的每一个左陪集是开集;但是我们已经知道 Z 是一个开集,于是定理证明完毕.

1.3　设 E 是局部紧拓扑群 X 中的任意波莱尔集,则存在 X 的 σ - 紧开子群 Z,使得 $E \subset Z$.

证明　只需证明:如果 $\{C_n\}$ 是 X 中紧集的序列,则存在 X 的 σ - 紧开子群 Z,使得 $C_n \subset Z(n = 1, 2, \cdots)$.

设 D 是紧集,包含单位元素 e 的某个邻域. 令 $D_0 = D$,并令

$$D_{n+1} = D_n^{-1}D_n \cup C_{n+1} \quad (n = 0, 1, 2, \cdots)$$

如果 $Z = \bigcup_{n=0}^{\infty} D_n$,则 Z 是 σ - 紧集,具有非空的内部,并包含一切 C_n. 如果我们能导出关系式 $Z^{-1}Z \subset Z$,则定理的证明就完成了.

首先我们证明:如果 $e\in D_n, n=0,1,2,\cdots$,则

$$D_n\subset D_{n+1}$$

事实上,如果 $e\in D_n$,则 $e\in D_n^{-1}$. 由此可见,如果 $x\in D_n$,则

$$x\in(D_n^{-1})x\subset D_n^{-1}D_n\subset D_{n+1}$$

因为 $e\in D_0$,所以 $D_n\subset D_{n+1}, n=0,1,2,\cdots$.

现在设 x 和 y 是 z 的两个元素. 由上段的结论可知,x 和 y 两者同属于某一个 D_n,因此,得到

$$x^{-1}y\in D_n^{-1}D_n\subset D_{n+1}\subset Z$$

§2 哈尔测度的存在性

设局部紧拓扑群 X 里的波莱尔测度 μ 具有下列性质:对于每一个非空波莱尔开集 U,$\mu(U)>0$;对于每一个波莱尔集 E,$\mu(xE)=\mu(E)$. 我们称 μ 是一个哈尔测度. 本节的目的在于证明,在每一个局部紧拓扑群里至少有一个哈尔测度存在.

哈尔测度定义里的第二个条件可以称为左不变性(或者称为在左转移下的不变性). 定义里的第一个条件与 μ 不恒为零这个条件是等价的. 事实上,如果 $\mu(U)=0$,其中 U 是某个非空的波莱尔开集,又设 C 是任意紧集,则类 $\{xU \mid x\in C\}$ 是 C 的开覆盖. 因为 C 是紧集,所以存在 C 的有限子集 $\{x_1,\cdots,x_n\}$,使得

$$C\subset\bigcup_{i=1}^{n}x_iU$$

而由 μ 的左不变性导出

$$\mu(C)\leqslant\sum_{i=1}^{n}\mu(x_iU)=n\mu(U)=0$$

如果μ在全体紧集类C上等于零，则μ在全体波莱尔集类S上也等于零. 于是，我们得到下述结论：哈尔测度就是不恒等于零的左不变的波莱尔测度.

在开始讨论哈尔测度的构成以前，我们还要指出，在哈尔测度的定义里有着不对称的地方. 左转移和右转移在群里占有完全对称的地位. 因此，在我们的定义里只提出左不变性似乎是不很公平的. 我们所定义的概念事实上应该称为“左哈尔测度”；同时我们还应该引进一个类似的“右哈尔测度”概念，并且应该对两者之间的关系加以详尽的研究. 实际上，我们在以后有时就要引用这种更为精确的术语. 但是在绝大多数的场合，特别是在有关哈尔测度的存在性问题里，由于左、右哈尔测度的完全对称性，我们只需采用不对称的处理方式. 事实上，因为将X中每一个x映为x^{-1}的变换能使一切拓扑和群论的性质保持不变，并且能使一切“左”和“右”的性质相互转化，所以从每一个“左定理”可以导出和它对应的“右定理”，反之亦然. 特别是，不难验证，如果μ是一个左哈尔测度，对于每一个波莱尔集E，令$v(E)=\mu(E^{-1})$，则集函数v是一个右哈尔测度；反之，如果μ是一个右哈尔测度，则v是一个左哈尔测度.

设E是任意有界集，F是具有非空内部的任意集. 我们定义“比”$E:F$为满足下述条件的最小非负整数n：E能被n个F的左转移所遮盖. 换句话说，存在X中n个元素组成的集$\{x_1,\cdots,x_n\}$，使得

$$E\subset\bigcup_{i=1}^{n}x_iF$$

容易看出，因为E是有界集，而$F^0\neq0$，所以$E:F$必为

有限数. 此外,如果 A 是具有非空内部的有界集,则

$$E:F\leqslant(E:A)(A:F)$$

哈尔测度的建立,以下述的想法为其基础. 上一章的结果告诉我们,要想在局部紧豪斯多夫空间里建立一个波莱尔测度,只需首先建立一个容度 λ,也就是定义在 C 上具有某种可加性的一个集函数. 设 C 是一个紧集,U 是一个非空的开集,则比 $C:U$ 可以用来表示 C 和 U 两者之间大小的比较. 将 $C:U$ 乘以取决于 U 的大小的一个适当的因子,然后对所得的乘积按照某种意义取极限,假定 U 无限地缩小,则所得的极限值应该就是 λ 在 C 上的值.

上面的说法并不完全准确. 为了揭露这个不准确之处,并使得我们的考虑方式更富于直观性起见,我们现在举出一个例子:设 X 是欧几里得平面,μ 是勒贝格测度,C 是任意紧集. 设 U_r 是半径为 r 的一个圆的内部,如果对于每一个 $r>0$,令 $n(r)=C:U_r$,则显然有

$$n(r)\pi r^2\geqslant\mu(C)$$

我们知道,$\lim\limits_{r\to 0}n(r)\pi r^2$ 存在,但它不等于 $\mu(C)$ 而等于 $\dfrac{2\pi\sqrt{3}}{9}\mu(C)$. 换句话说,从一个在 U_r 上取值为 πr^2 的通常的测度出发,按照上述的考虑方式我们得到一个新的测度,这个测度是原来的测度与一个常数因子的乘积. 为了消去这个比例因子,我们将以两个比的比值 $(C:U)/(A:U)$ 来代替 $C:U$,其中 A 是具有非空内部的一个固定的紧集.

2.1 设 U 是一个固定的非空开集,A 是具有非空内部的一个固定的紧集. 对于每一个紧集 C,令

$$\lambda_U(C)=\frac{C:U}{A:U}$$

则集函数 λ_U 是非负的、有限的、单调的,且具有左不变性和部分可加性. 此外,λ_U 具有下述狭义的可加性:如果 C 和 D 是紧集,并且

$$CU^{-1}\cap DU^{-1}=0$$

则

$$\lambda_U(C\cup D)=\lambda_U(C)+\lambda_U(D)$$

证明　除了最后一部分以外,定理的其余部分都可以利用关于 $C:U$ 的定义直接验证. 现在证明定理的最后一部分. 设 xU 是 U 的一个左转移. 容易看出:如果 $C\cap xU\neq 0$,则有 $x\in CU^{-1}$;如果 $D\cap xU\neq 0$,则有 $x\in DU^{-1}$. 由此可见,U 的任何左转移都不能够与 C 和 D 同时有非空的交集. 所以 λ_U 具有定理中所述的狭义可加性.

2.2　在每一个局部紧拓扑群 X 中,至少有一个正则哈尔测度存在.

证明　考虑到之前所讲的内容,我们只需建立一个不恒等于零并且具有左不变性的容度,然后可知,由这个容度引出的测度不恒等于零,因而是一个正则哈尔测度.

设 A 是具有非空内部的一个固定的紧集,并设 N 是由单位元素的一切邻域所组成的类. 对于 N 中的每一个 U,我们在全体紧集 C 的类上定义集函数 λ_U 如下

$$\lambda_U(C)=\frac{C:U}{A:U}$$

因为 $C:U\leqslant(C:A)(A:U)$,所以,对于 C 中每一个 C,有

$$0\leqslant\lambda_U(C)\leqslant C:A$$

根据定理1,每一个 λ_U 与一个容度的差别之处只在于它不一定具有可加性. 我们要应用康托对角线法的近

代形式，也就是齐霍诺夫关于乘积空间的紧性的定理，来确定出 λ_U 的一个极限，这个极限具有容度的全部性质，包含可加性在内.

对于 $\mathcal{C}$ 中每一个集 C，我们以闭区间 $[0, C:A]$ 与之对应，并以 Φ 表示全体这种区间的笛卡儿乘积空间（在拓扑学的意义下）. 于是，Φ 是一个紧豪斯多夫空间，Φ 中的点就是定义在 $\mathcal{C}$ 上的实值函数 ϕ，并且对于 $\mathcal{C}$ 中每一个 C，$0 \leqslant \phi(C) \leqslant C:A$. 对于 N 中每一个 U，函数 λ_U 就是这个空间里的一个点.

对于 N 中每一个 U，我们以记号 $\Lambda(U)$ 表示由一切能使 $V \subset U$ 的函数 λ_V 所组成的集，即

$$\Lambda(U) = \{\lambda_V \mid U \supset V \in N\}$$

如果 $\{U_1, \cdots, U_n\}$ 是由单位元素的邻域所组成的任意有限类，也就是 N 的任意有限子类，则 $\bigcap_{i=1}^{n} U_i$ 也是单位元素的一个邻域，并且

$$\bigcap_{i=1}^{n} U_i \subset U_j \quad (j = 1, \cdots, n)$$

我们有

$$\Lambda\left(\bigcap_{i=1}^{n} U_i\right) \subset \bigcap_{i=1}^{n} \Lambda(U_i)$$

而由于每一个 $\Lambda(U)$ 包含 λ_U，因而是非空的，所以由一切形如 $\Lambda(U)$ 的集组成的类，其中 $U \in N$，具有有限交的性质. 由 Φ 的紧性可知，在一切 $\Lambda(U)$ 的闭包的交集里存在一个点 λ，满足

$$\lambda \in \bigcap \{\overline{\Lambda(U)} \mid U \in N\}$$

我们要证明，λ 就是我们所求的容度.

对于 $\mathcal{C}$ 中每一个 C，显然有

$$0 \leqslant \lambda(C) \leqslant C:A < \infty$$

现在我们证明,λ 具有单调性. 我们注意到,对于 C 中每一个固定的 C,由等式 $\xi_C(\phi) = \phi(C)$ 确定的函数 ξ_C 是定义在 Φ 上的连续函数,因此,对于任意两个紧集 C 和 D,集

$$\Delta = \{\phi \mid \phi(C) \leqslant \phi(D)\} \subset \Phi$$

是一个闭集. 如果 $C \subset D$,并且 $U \in N$,则 $\lambda_U \in \Delta$,从而有 $\Lambda(U) \subset \Delta$. 因为 Δ 是闭集,所以 $\lambda \in \overline{\Lambda(U)} \subset \Delta$. 于是,$\lambda$ 具有单调性.

关于 λ 的部分可加性,可以按照完全相同的方式得到证明,我们略去这一部分的证明,转而证明 λ 具有可加性. 设 C 和 D 是满足条件 $C \cap D = 0$ 的紧集,则存在 e 的邻域 U,使得 $CU^{-1} \cap DU^{-1} = 0$. 如果 $V \in N$,并且 $V \subset U$,则 $CV^{-1} \cap DV^{-1} = 0$,因而

$$\lambda_V(C \cup D) = \lambda_V(C) + \lambda_V(D)$$

这就是说,当 $V \subset U$ 时,λ_V 属于闭集

$$\Delta = \{\phi \mid \phi(C \cup D) = \phi(C) + \phi(D)\}$$

因此 $\Lambda(U) \subset \Delta$. 由此可见 $\lambda \in \overline{\Lambda(U)} \subset \Delta$,换句话说,$\lambda$ 具有可加性.

再应用一次同样的论点就可以证明 $\lambda(A) = 1$(因为对于 N 中每一个 U,有 $\lambda_U(A) = 1$),这就说明了集函数 λ(我们已经知道,它是一个容度)不恒等于零. 最后,因为每一个 λ_U 具有左不变性,所以 λ 具有左不变性.

(1)如果我们引进与群 X 相对偶的群 $\hat{X}$,就可以由左哈尔测度的存在性导出右哈尔测度的存在性. 按照定义,群 $\hat{X}$ 具有与 X 相同的元素和拓扑结构;$\hat{X}$ 中两

个元素 x 和 y 的乘积(即 xy)则规定为 X 中 y 和 x 的乘积(即 yx).

(2)哈尔测度显然不是唯一的. 因为,如果 μ 是一个哈尔测度而 c 是任意的正数,则 $c\mu$ 也是一个哈尔测度.

(3)对于 N 中每一个 U,设 λ_U 是集函数,则对于满足条件 $C^0 \neq 0$ 的每一个紧集 C,有

$$0 < \frac{1}{A:C} \leqslant \lambda_U(C)$$

由此可见,当 $C^0 \neq 0$ 时,$\lambda(C) > 0$.

(4)下面是一个著名的群的例子,在这个群里,左、右哈尔测度有本质上的区别. 设 X 是由一切形如

$$\begin{pmatrix} x & y \\ 0 & 1 \end{pmatrix}$$

的矩阵所组成的集,其中 $0 < x < +\infty$,$-\infty < y < +\infty$. 容易验证,对于通常的矩阵乘法,X 构成一个群. 如果按照明显的方式将 X 拓扑化,也就是将 X 看作欧几里得平面的一个子集(半平面),则 X 是一个局部紧拓扑群. 对于 X 中每一个波莱尔集 E,令

$$\mu(E) = \iint_E \frac{1}{x^2}\mathrm{d}x\mathrm{d}y, v(E) = \iint_E \frac{1}{x}\mathrm{d}x\mathrm{d}y$$

(式中对于半平面里的勒贝格测度取积分),则 μ 和 v 分别是 X 中的左和右哈尔测度. 因为

$$\mu(E^{-1}) = v(E)$$

所以这个例子说明:可以存在可测集 E,使得 $\mu(E) < \infty$ 而 $\mu(E^{-1}) = \infty$.

(5)设 C 和 D 是两个紧集. 如果 $\mu(C) = \mu(D) = 0$,则是否一定有 $\mu(CD) = 0$?

(6)设μ是X里的哈尔测度,则X为离散的必要和充分条件是:至少对于X中的一个点x,有

$$\mu(\{x\})\neq 0$$

(7)每一个局部紧拓扑群X满足前文所述的条件(参看§1).

(8)设X里的哈尔测度μ是有限测度,则X是紧群.

(9)设μ是X里的哈尔测度,则下面四个条件是互相等价的:1)X是σ-紧群;2)μ是全σ-有限的;3)任何不相交的非空波莱尔开集类是可列的;4)对于每一个非空波莱尔开集U,存在X中元素的序列$\{x_n\}$,使得

$$X=\bigcup_{n=1}^{\infty}x_nU$$

§3　可测群

按照定义,拓扑群就是一个群X,它具有满足某种可分公理的拓扑结构,并且将(x,y)变为$x^{-1}y$($X\times X$在X上)的变换是连续的.为了我们应用方便起见,我们要以另外一个定义来代替它.这个新的定义要求:由等式$S(x,y)=(x,xy)$确定的($X\times X$在它本身上的)变换S是一个同胚.两个定义是等价的.事实上,如果X是在原来的定义下的拓扑群,则S是连续的.又因为S显然是一个一一变换,并且$S^{-1}(x,y)=(x,x^{-1}y)$,所以S^{-1}也是连续的,因而S是一个同胚.反之,如果已知S是一个同胚,则S^{-1}是连续的,因而由S^{-1}随之

以 $X\times X$ 在 X 上的射影所构成的变换也是连续的(在 X 是数直线并以加法作为群的运算法则的场合,变换 S 的几何意义很容易想象:它使平面上每一个点 (x,y) 沿着垂直方向移动一个线段,这个线段的量等于 x).

有了上面的讨论,再加上我们已经知道在每一个局部紧拓扑群里有一个哈尔测度存在,我们现在引进下述与拓扑群相类似的测度论方面的概念. 设 σ - 有限测度空间 (X,S,μ) 具有下列性质:

(1) μ 不恒等于零;

(2) X 是一个群;

(3) σ - 环 S 和测度 μ 对于左转移都是不变的;

(4) 由等式 $S(x,y)=(x,xy)$ 确定的, $X\times X$ 在它本身上的变换 S 是保测性变换.

则称 (X,S,μ) 是一个可测群(S 对于左转移的不变性是指,对于 X 中每一个 x 以及 S 中每一个 E, $xE\in S$. 和通常一样, $X\times X$ 的可测子集是指 σ - 环 $S\times S$ 中的集).

设 X 是局部紧群, S 是 X 中全体贝尔集类, μ 是一个哈尔测度. 因为 S 是一个同胚(因而保持贝尔可测性),并且 $X\times X$ 中全体贝尔集类与 $S\times S$ 重合,所以 (X,S,μ) 是一个可测群. 我们在下面对于可测群的讨论,其目的在于说明,只从测度论的观点来研究局部紧拓扑群,可以得到怎样的结论.

设 X 是任意可测空间(特别地,若 X 是任意可测群),则由等式 $R(x,y)=(y,x)$ 确定的, $X\times X$ 在它本身上的一一变换 R 是保测性变换. 要证明这个事实,只需注意到下述极容易验证的事实:如果 E 是可测矩形,则 $R(E)$ 和 $R^{-1}(E)(=R(E))$ 都是可测矩形. 因为保测性变换的乘积仍是保测性变换，所以上述事实给出了在一个可测群里的大量保测性变换——S 和 R 的一切乘幂的乘积. 除了变换 S 以外，我们还时常要用到它的“反射”$T=R^{-1}SR$. 我们有

$$T(x,y)=(yx,y)$$

在本节中我们假定：

μ 和 v(可能但不一定相等)是使得(X,S,μ)和(X,S,v)为可测群的两个测度，R,S 和 T 是前面描述过的保测性变换.

3.1　设 E 是 $X\times X$ 的任意子集，则对于 X 中任意的 x 和 y，有

$$(S(E))_x=xE_x \text{ 和 } (T(E))^y=yE^y$$

证明　因为下列等式成立

$$\chi_{S(E)}(x,y)=\chi_E(x,x^{-1}y)$$

并且 $y\in(S(E))_x$ 当且仅当 $\chi_{S(E)}(x,y)=1,x^{-1}y\in E_x$ 当且仅当 $\chi_E(x,x^{-1}y)=1$，由此即得定理中关于 S 的结论. 关于 T 的结论可以按照类似的方式证明.

3.2　变换 S 和 T 都是从测度空间

$$(X\times X,S\times S,\mu\times v)$$

到它本身上的保测变换.

证明　设 E 是 $X\times X$ 的可测子集，则由富比尼(G. Fubini)定理和本节 3.1，得到

$$\begin{aligned}(\mu\times v)(S(E))=&\int v((S(E))_x)\,\mathrm{d}\,\mu(x)=\\&\int v(xE_x)\,\mathrm{d}\,\mu(x)=\\&\int v(E_x)\,\mathrm{d}\,\mu(x)=\\&(\mu\times v)(E)\end{aligned}$$

于是，S 保持测度不变. 考虑截口$(T(E))^y$，按照类似

的方式就可以得到定理中关于 T 的结论.

3.3 设 $Q=S^{-1}RS$,则

$$(Q(A\times B))_{x^{-1}}=xA\cap B^{-1}$$

并且

$$(Q(A\times B))^{y^{-1}}=\begin{cases}Ay,若\ y\in B\\0,若\ y\notin B\end{cases}$$

证明 我们注意到,$Q(x,y)=(xy,y^{-1})$,并且 $Q^{-1}=Q$. 因为下列等式成立

$$\chi_{Q(A\times B)}(x^{-1},y)=\chi_{A\times B}(x^{-1}y,y^{-1})=\chi_{xA}(x)\chi_B(y^{-1})$$

并且 $y\in(Q(A\times B))_{x^{-1}}$ 当且仅当 $\chi_{Q(A\times B)}(x^{-1},y)=1$, $y\in xA\cap B^{-1}$ 当且仅当 $\chi_{xA}(y)\chi_B(y^{-1})=1$,由此即得定理中第一个结论. 又因为下列等式成立

$$\chi_{Q(A\times B)}(x,y^{-1})=\chi_{A\times B}(xy^{-1},y)=\chi_{Ay}(x)\chi_B(y)$$

并且 $x\in(Q(A\times B))y^{-1}$ 当且仅当 $\chi_{Q(A\times B)}(x,y^{-1})=1$,$x\in Ay$ 和 $y\in B$ 当且仅当 $\chi_{Ay}(x)\chi_B(y)=1$,由此即得定理中第二个结论.

3.4 设 A 是 X 的可测子集(具有正的测度),并且 $y\in X$,则 Ay 是可测集(具有正的测度),A^{-1} 也是可测集(具有正的测度). 如果 f 是可测函数,A 是具有正测度的可测集,对于 X 中每一个 x,令

$$g(x)=\frac{f(x^{-1})}{\mu(Ax)}$$

则 g 是可测函数.

证明 设 B 是包含 y 的任意可测集,则根据 3.3, Ay 是可测集 $Q(A\times B)$(其中 $Q=S^{-1}RS$)的一个截口,因此 Ay 是可测集. 要证明定理的其余部分,我们利用

下述事实：Q 是$(X\times X,S\times S,\mu\times\mu)$在它本身上的保测变换. 于是，若$\mu(A)>0$，则根据3.3，有

$$0<(\mu(A))^2=(\mu\times\mu)(Q(A\times A))=$$

$$\int\mu(x^{-1}A\cap A^{-1})\,\mathrm{d}\mu(x)$$

因而对于x的至少一个值，$x^{-1}A\cap A^{-1}$是一个具有正测度的可测集. 换句话说，我们已经证明，如果A是具有正测度的可测集，则必存在具有正测度的可测集B，使得$B\subset A^{-1}$（由此可见，特别地，如果我们能够证明A^{-1}是可测集，就立刻可以得到$\mu(A^{-1})>0$）. 因为当$B\subset A^{-1}$时，有

$$y^{-1}B\subset y^{-1}A^{-1}$$

此外，等式

$$\mu(y^{-1}B)=\mu(B)$$

成立，所以再应用一次刚才得到的结果就可以说明，必定存在具有正测度的可测集C，使得

$$C\subset(y^{-1}B)^{-1}\subset(y^{-1}A^{-1})^{-1}=Ay$$

这就证明了定理中关于Ay的全部结论. 现在证明A^{-1}的可测性. 我们注意到，如果$\mu(A)>0$，则根据3.3和刚才得到的结果，我们有

$$\{y|\mu((Q(A\times A))^y)>0\}=A^{-1}$$

这就证明了当$\mu(A)>0$时，A^{-1}是可测的. 如果

$$\mu(A)=0$$

我们可以选取一个具有正测度并且与A不相交的可测集B，然后由等式

$$A^{-1}=(A\cup B)^{-1}-B^{-1}$$

导出A^{-1}的可测性.

由上面得出的结果可知，如果f是可测函数，并且$\hat{f}(x)=f(x^{-1})$，则$\hat{f}$也是可测函数. 设A和B是可测

集，$f_0(y)=\mu((Q(A\times B))^y)$，并且$\hat{f}_0(y)=f_0(y^{-1})$，则函数$f_0$和$\hat{f}_0$都是可测的，根据 3.3 就有

$$\hat{f}_0(y)=\mu(Ay)\chi_B(y)$$

换句话说，我们已经证明，如果$h(y)=\mu(Ay)$，则函数h在每一个可测集上是可测的，因而$\frac{1}{h}$也具有同样的性质.

3.5 设A和B是具有正测度的可测集，则存在具有正测度的可测集C_1和C_2以及元素x_1,y_1,x_2,y_2，使得

$$x_1C_1\subset A,y_1C_1\subset B,C_2x_2\subset A,C_2y_2\subset B$$

证明 如果$\mu(B)>0$，则$\mu(B^{-1})>0$，因而

$$(\mu\times\mu)(A\times B^{-1})=\mu(A)\mu(B^{-1})>0$$

由 3.3 可知，对于X中的每一个x，集$x^{-1}A\cap B$是可测的，而对于X中至少一个x，这个集具有正的测度. 设x_1能使$\mu(x_1^{-1}A\cap B)>0$，并设$y_1=e$，则若令$C_1=x_1^{-1}A\cap B$，就有$x_1C_1\subset A$以及$y_1C_1\subset B$.

对集A^{-1}和B^{-1}应用这个结果，我们可以找到集C_0和点x_0,y_0，使得$x_0C_0\subset A^{-1}$和$y_0C_0\subset B^{-1}$. 然后我们可以令$C_2=C_0^{-1},x_2=x_0^{-1},y_2=y_0^{-1}$.

3.6 设A和B是可测集，并设

$$f(x)=\mu(x^{-1}A\cap B)$$

则f是可测函数，并且

$$\int f\mathrm{d}\mu=\mu(A)\mu(B^{-1})$$

如果$g(x)=\mu(xA\Delta B)$，并且$\varepsilon<\mu(A)+\mu(B)$，则集$\{x|g(x)<\varepsilon\}$是可测的.

定理的前半部分有时称为平均定理.

证明　定理的前半部分可以由下述命题导出：如果$Q=S^{-1}RS$，则 Q 是$(X\times X,S\times S,\mu\times\mu)$在它本身上的一个保测变换，并且

$$f(x)=\mu((Q(A\times B^{-1}))_x)$$

如果$\hat{f}(x)=f(x^{-1})$，则$\hat{f}$是可测函数. 利用这个结果以及下列等式

$$\{x\mid g(x)<\varepsilon\}=\{x\mid \hat{f}(x)>\frac{1}{2}(\mu(A)+\mu(B)-\varepsilon)\}$$

就得到定理后半部分的结论.

(1)两个可测群的笛卡儿乘积是不是可测群？

(2)设 X 是一个紧群，它的势大于连续统的势，μ 是 X 上的哈尔测度，则(X,S,μ)不是可测群(提示：令 $D=\{(x,y)\mid x=y\}=S(X\times\{e\})$. 假定 $D\in S\times S$，则存在矩形的可列类 R，使得 $D\in S(R)$. 设 E 是由 R 中矩形的边组成的(可列)类. 因为 $D\in S(E)\times S(E)$，所以 D 的每一个截口属于 $S(E)$. 但可知，$S(E)$的势不大于连续统的势，这与关于 X 的势的假设条件相矛盾).

(3)设 μ 是局部紧群 X 上的哈尔测度，E 是任意贝尔集，x 是 X 中任意的元素. 如果下列四个数

$$\mu(E),\mu(xE),\mu(Ex)\text{和}\mu(E^{-1})$$

中任意一个为零，则其余三个也都为零.

(4)设(X,S,μ)是可测群，其中 μ 是全有限测度. 如果 A 是可测集，并且对于 X 中每一个 x，有

$$\mu(xA-A)=0$$

则或是$\mu(A)=0$，或是$\mu(X-A)=0$(提示：对 A 和 $X-A$ 应用平均定理). 即使不假设 μ 为有限，这个结果也成立. 用各态历经论的话来说，就是：如果将可测群看作在其本身上的保测变换群，则这个群具有度量

推移性.

(5)设μ是紧群X上的哈尔测度,则对于每一个贝尔集E和X中每一个x,有

$$\mu(E)=\mu(xE)=\mu(Ex)=\mu(E^{-1})$$

§4 哈尔测度的唯一性

本节的目的是要证明,一个可测群里的哈尔测度本质上是唯一的.

4.1 设μ和v是使得(X,S,μ)和(X,S,v)为可测群的两个测度,E是S中的集,并且$0<v(E)<\infty$,则对于定义在X上的每一个非负可测函数f,有

$$\int f(x)\mathrm{d}\mu(x)=\mu(E)\int\frac{f(y^{-1})}{v(Ey)}\mathrm{d}v(y)$$

在后面关于唯一性的证明里,我们需要引用的乃是这个定理性质的方面:每一个μ-积分可以表示为v-积分的形状.

证明 令$g(y)=\dfrac{f(y^{-1})}{v(Ey)}$,由上节的结果可知,如果$f$是非负可测函数,则$g$也是非负可测函数. 和前面一样,令

$$S(x,y)=(x,xy),T(x,y)=(yx,y)$$

则在测度空间$(X\times X,S\times S,\mu\times v)$里$S$和$T$都是保测变换,因而$S^{-1}T$也是保测变换. 因为

$$S^{-1}T(x,y)=(yx,x^{-1})$$

所以,根据富比尼定理有

$$\mu(E)\int g(y)\mathrm{d}v(y)=\int\chi_E(x)\mathrm{d}\mu(x)\int g(y)\mathrm{d}v(y)=$$

$$\int \chi_E(x)g(y)\,\mathrm{d}(\mu\times v)(x,y)=$$
$$\iint \chi_E(yx)g(x^{-1})\,\mathrm{d}v(y)\,\mathrm{d}\,\mu(x)=$$
$$\int g(x^{-1})v(Ex^{-1})\,\mathrm{d}\,\mu(x)$$

但$g(x^{-1})v(Ex^{-1})=f(x)$，于是定理证明完毕.

4.2　设μ和v是使得(X,S,μ)和(X,S,v)为可测群的两个测度，E是S中的集，并且

$$0<v(E)<\infty$$

则对于S中每一个F，有

$$\mu(E)v(F)=v(E)\mu(F)$$

我们指出，这个结果事实上就是唯一性定理. 定理断言：对于S中每一个F，有

$$\mu(F)=cv(F)$$

其中$c=\dfrac{\mu(E)}{v(E)}$是一个非负的有限常数. 换句话说，μ和v的区别只在一个常数因子.

证明　设f是F的特征函数. 因为，特别是当测度μ和v相等时，4.1也成立，所以我们有

$$\int f(x)\,\mathrm{d}v(x)=v(E)\int \frac{f(y^{-1})}{v(Ey)}\,\mathrm{d}v(y)$$

两端乘以$\mu(E)$并应用4.1，我们得到

$$\mu(E)\int f(x)\,\mathrm{d}v(x)=v(E)\int f(x)\,\mathrm{d}\,\mu(x)$$

4.3　设μ和v是局部紧拓扑群X上的正则哈尔测度，则存在正的有限常数c，使得对于每一个波莱尔集E，$\mu(E)=cv(E)$.

证明　如果S_0是X中全体贝尔集类，则(X,S_0,μ)和(X,S_0,v)都是可测群，因而根据4.2，对于每一个贝尔集E，$\mu(E)=cv(E)$，其中c是一个非负的有限常

数. 选任意有界贝尔开集作为 E,我们得到 $c>0$. 如果任意两个正则波莱尔测度(例如 μ 和 v)在一切贝尔集上相等,则它们在一切波莱尔集上也相等.

(1)一切非零实数乘法群中的哈尔测度对于勒贝格测度是绝对连续的,它的拉东 - 尼科笛姆(Radon-Nikodorn)导数是什么?

(2)设 μ 和 v 分别是局部紧群 X 和 Y 中的哈尔测度,λ 是 $X\times Y$ 中的哈尔测度,则在 $X\times Y$ 中全体贝尔集类上 λ 是 $\mu\times v$ 与一个常数因子的乘积.

(3)度量推移性可以用来证明具有有限测度的可测群中哈尔测度的唯一性定理. 首先,设 μ 和 v 都是左不变的测度,并且 $v\ll\mu$. 于是,存在非负可积函数 f,使得对于每一个可测集 E,有

$$v(E)=\int_E f(x)\,\mathrm{d}\,\mu(x)$$

由此,有

$$v(yE)=\int_{yE} f(x)\,\mathrm{d}\,\mu(x)=\int_E f(y^{-1}x)\,\mathrm{d}\,\mu(x)$$

又因 v 是左不变的,所以

$$f(x)=f(y^{-1}x)[\mu]$$

令 $N_t=\{x|f(x)<t\}$,则

$$\mu(yN_t-N_t)=\mu(\{x|f(y^{-1}x)<t\}-\{x|f(x)<t\})=0$$

因此,对于每一个实数 t,或是 $\mu(N_t)=0$,或是 $\mu(N_t')=0$. 这就说明了,f 几乎处处等于一个常数$[\mu]$,因而 $v=c\mu$. 在一般的场合,就是不假定 $v\ll\mu$ 的场合,我们以 $\mu+v$ 来代替 μ. 上面的论点也可以应用到测度不一定为有限的场合.

(4)设(X,S,μ)是可测群,E 和 F 是可测集,则存

在 X 中元素的两个序列 $\{x_n\}$ 和 $\{y_n\}$ 以及可测集的序列 $\{A_n\}$，使得：

1) $\{x_nA_n\}$ 和 $\{y_nA_n\}$ 分别是 E 和 F 的不相交子集的序列；

2) 可测集

$$E_0 = E - \bigcup_{n=1}^{\infty} x_nA_n \text{ 和 } F_0 = F - \bigcup_{n=1}^{\infty} y_nA_n$$

两者中至少有一个的测度为零（提示：E 或 F 的测度为零，命题显然成立. 如果 E 和 F 的测度都是正的，应用 3.5，选取 x_1, y_1 和 A_1，使得

$$\mu(A_1) > 0, x_1A_1 \subset E, y_1A_1 \subset F$$

如果 $E - x_1A_1$ 或 $F - y_1A_1$ 的测度为零，则命题成立；如果两者的测度都是正的，则又可应用 3.5. 利用可列或超限归纳法可以完成命题的证明）.

因为这个结果对于一切左不变测度都成立，所以利用它又可以给出唯一性定理的另外一个证明. 设 μ 和 v 都是左不变测度. 考虑下列对应关系：对于每一个可测集 E，以 $\mu(E)$ 与 $v(E)$ 相对应. 可以证明，这个对应关系是 μ 的一切值的集与 v 的一切值的集之间的一个一一对应关系，并且是无歧义地确定的. 对于这个对应关系加以更详尽但并不特别困难的考察，就可以得到唯一性定理.

(5) 设 μ 是局部紧群 X 上的正则哈尔测度. 对于 X 中任意的 x，由等式 $\mu_x(E) = \mu(Ex)$ 确定的集函数 μ_x，其中 E 是波莱尔集，也是一个正则哈尔测度. 由唯一性定理可知

$$\mu(Ex) = \Delta(x)\mu(E)$$

其中 $0 < \Delta(x) < \infty$.

1) $\Delta(xy)=\Delta(x)\Delta(y)$, $\Delta(e)=1$.

2) 如果 x 属于群 X 的中心，则 $\Delta(x)=1$.

3) 如果 x 是一个交换子，或者，更一般地，如果 x 属于由 X 中全体交换子所组成的子群，则 $\Delta(x)=1$.

4) 函数 Δ 是连续的. 提示：令 C 为具有正测度的紧集，ε 是任意正数. 因为测度 μ 是正则的，所以存在有界开集 U，使得 $C\subset U$ 并且 $\mu(U)\leqslant(1+\varepsilon)\mu(C)$. 设 V 是 e 的邻域，使得 $V=V^{-1}$ 并且 $CV\subset U$. 如果 $x\in V$，则有

$$\Delta(x)\mu(C)=\mu(Cx)\leqslant\mu(U)\leqslant(1+\varepsilon)\mu(C)$$

和

$$\frac{\mu(C)}{\Delta(x)}=\mu(Cx^{-1})\leqslant\mu(U)\leqslant(1+\varepsilon)\mu(C)$$

因此

$$\frac{1}{1+\varepsilon}\leqslant\Delta(x)\leqslant1+\varepsilon$$

5) 我们得到紧群 X 上的左不变测度和右不变测度相等的另一个证明. 因为，由 1) 和 2) 中的结果可知，$\Delta(X)$ 是正实数乘法群的一个紧子群.

6) 对于每一个波莱尔集 E，有

$$\mu(E^{-1})=\int_E\frac{1}{\Delta(x)}\,\mathrm{d}\,\mu(x)$$

提示：根据右不变测度的唯一性定理，有

$$\mu(E^{-1})=c\int_E\frac{1}{\Delta(x)}\,\mathrm{d}\,\mu(x)$$

其中 c 是某个正的有限常数. 因此，对于每一个可积函数 f，有

$$\int f(x^{-1})\,\mathrm{d}\,\mu(x)=c\int\frac{f(x)}{\Delta(x)}\,\mathrm{d}\,\mu(x)$$

将$f(x)$换为$f(x^{-1})$,令

$$g(x^{-1})=\frac{f(x^{-1})}{\Delta(x)}$$

对g应用上面的等式,就有

$$\frac{1}{c}\int g(x^{-1})\,\mathrm{d}\,\mu(x)=c\int g(x^{-1})\,\mathrm{d}\,\mu(x)$$

7)如果$\Gamma(x)$是与$\Delta(x)$相类似的数:Γ由等式

$$v(xE)=\Gamma(x)v(E)$$

确定,其中v是右不变测度,则

$$\Gamma(x)=\frac{1}{\Delta(x)}$$

(6)设局部紧群X上不恒等于零的贝尔测度v具有下述性质:对于X中每一个固定的x,由等式

$$v_x(E)=v(xE)$$

确定的测度v_x是v与一个非零常数因子的乘积,我们称v是一个相对不变测度. 测度v为相对不变测度的必要和充分条件是

$$v(E)=\int_E\phi(y)\,\mathrm{d}\,\mu(y)$$

其中μ是哈尔测度,ϕ是X在正实数乘法群中的一个同态(提示:如果ϕ是非负的、连续的

$$\phi(xy)=\phi(x)\phi(y)$$

并且

$$v(E)=\int_E\phi(y)\,\mathrm{d}\mu(y)$$

则

$$\begin{aligned}v(xE)=\int_{xE}\phi(y)\,\mathrm{d}\,\mu(y)=\\ \int_E\phi(xy)\,\mathrm{d}\,\mu(y)=\\ \int_E\phi(x)\phi(y)\,\mathrm{d}\,\mu(y)=\end{aligned}$$

$$\phi(x)v(E)$$

反之,如果

$$v(xE)=\phi(x)v(E)$$

则(参看(5))得

$$\phi(xy)=\phi(x)\phi(y)$$

并且 ϕ 是连续的. 于是,积分

$$\tilde{\mu}(E)=\int_E \phi(y^{-1})\,\mathrm{d}v(y)$$

存在,根据唯一性定理就有 $\tilde{\mu}=\mu$).

(7)设 μ 是定义在局部紧群 X 中全体贝尔集类 S_0 上的 σ-有限左不变测度,则 μ 是哈尔测度(在贝尔集上)与一个常数因子的乘积. 由此可知,特别地,μ 在紧集上为有限的(提示:如果 μ 不恒等于零,则 (X,S_0,μ) 是一个可测群).

右哈尔测度和哈尔覆盖函数

第7章

这一章中,在获得测度论的某些一般结果之后,就引进右哈尔测度和哈尔覆盖函数的概念.然后,将这些概念应用到局部紧拓扑群上.特别地,我们证明:在这一结构中,哈尔覆盖函数的引进是非常必要的.

§1 记号与一些测度论上的结果[①]

在后面的讨论中将用到以下记号:

X:局部紧豪斯多夫空间.

---

① 任一集 T 的非空子集所组成的集类,若此集类中元素之差以及有限个元素之和仍属于该集类的话,就称此集类为环.又若 T 本身是该集类的一个元素,就称此集类为代数.(注意:在代数中,取余集的运算是封闭的)

若任何可列和(正好与有限和相对立)仍旧是该集类的元素,就说此集类是可列可加的.当 T 属于此集类时,就说此集类是一个 σ-代数.当 T 不属于此集类时,就说此集类是一个 σ-环.

测度是环到非负(扩充了的)实数的映射,具有下述性质:在这一映射下,零集的象为0(这是要排除每一个集的测度为无限的可能性),又环中任何可列个互不相交的集之和集(如果和集仍在环中)的测度(象),就是这些互不相交的集的测度之和.

$\hat{C}$:X 的所有紧的子集.

S:含有 $\hat{C}$ 的最小 σ - 环. 严格地说,它是含有 $\hat{C}$ 的一切 σ - 环的交集,也就是由 $\hat{C}$ 产生的 σ - 环. 集类 S 被叫作波莱尔集类,今后我们一直假定 X 本身也是一个波莱尔集.

定义 1 若映射 μ 是 S 上的一个测度,并且任一紧集的测度为有限,则称 μ 是 S 上的波莱尔测度.

定义 2 设测度 μ 是局部紧拓扑群 G 上的一个波莱尔测度,使得:

(1)任何非空开集的测度为正;

(2)$\mu(Eg)=\mu(E)$,$E\in S$,$g\in G$.

则称 μ 是右哈尔测度. 同样定义左哈尔测度如下:

左哈尔测度是局部紧拓扑群 G 上的一个波莱尔测度,满足上面的(1)且有

$$\mu(gE)=\mu(E)$$

注 1 我们立即注意到,关于右哈尔测度的任何陈述,一定有左哈尔测度的相似的陈述. 由于这一缘故,我们的讨论将限于右哈尔测度.

注 2 定义 2 中的(2)等价于右哈尔测度关于右平移为不变. 作为这点的一个解释,考虑由实数组成的可加的局部紧拓扑群和勒贝格测度. 显然,在这一结构中,任一非空开集的勒贝格测度是正的,此外,实数轴上任何集的勒贝格测度关于右(或左)平移是不变的. 因此,勒贝格测度是一个右哈尔测度.

注 3 定义 2 中的(1)等价于 μ 不恒等于 0.

证明 若假定有一个开集 $O\neq\varnothing$ 使得 $\mu(O)=0$. 令 $g\in O$,考虑 Og^{-1},显然,Og^{-1}是包含 e 的一个开集. 令 $V=Og^{-1}$,由(2),也有

$$\mu(Og^{-1})=0$$

今设 E 为一个紧集,又设 $h\in E$. 因为 $e\in V$,故 $h\in Vh$,并且有

$$E\subset\bigcup_{h\in E}Vh$$

由于 E 为紧集,故

$$E\subset\bigcup_{i=1}^{n}Vh_i$$

以及

$$\mu(E)\leqslant\mu(\bigcup_{i=1}^{n}Vh_i)\leqslant\sum_{i=1}^{n}\mu(Vh_i)=n\mu(V)=0$$

即
$$\mu(E)=0$$

因此,在 $\hat{C}$ 上,总有 $\mu=0$. 再由一般的测度论得出:μ 在由 $\hat{C}$ 产生的 σ-环(即 S)上为0.

注4　当定义了右哈尔测度以后,同时也定义了左哈尔测度.

证明　假定 μ 是右哈尔测度,定义

$$v(E)=\mu(E^{-1}),E\in S$$

(注意 $E\in S\Rightarrow E^{-1}\in S$),而

$$v(gE)=\mu(E^{-1}g^{-1})=\mu(E^{-1})=v(E)$$

于是,v 为左哈尔测度. 而(1)是显然满足的.

在继续讨论之前,下面的定义和定理将是必须的.

定义3　令 X 与 Y 为任意集,S_X 与 S_Y 分别为 X 与 Y 中的 σ-代数. 映射

$$T:X\to Y$$

若满足对任一集 $F\in S_Y$ 有 $T^{-1}(F)\in S_X$,则称它为可测变换. 此外,若 μ 是 S_X 上的测度,我们就用 $\mu T^{-1}(F)$ 来表示 $\mu(T^{-1}(F))$,它是 S_Y 上的一个测度,称之为(由 T 导出的)导出测度.

定义 4　X 和 S_X 的假设与定义 3 相同,映射

$$f: X \to R \cup \{\pm\infty\}$$

若满足对任意 $a \in R \cup \{\pm\infty\}$ 有 $f^{-1}(a, \infty) \in S_X$,则称它为可测函数. ①

用上面这些记号,我们现在可以叙述下列变数变换的公式.

定理　设 $X \xrightarrow{T} Y \xrightarrow{f} R \cup \{\pm\infty\}$,其中 T 是一个可测变换,f 是一个可测函数,μ 是 S_X 上的一个测度,且 μT^{-1} 是 S_Y 上的导出测度,则:若 $F \in S_Y$,就有

$$\int_{T^{-1}(F)} f(T(x)) \mathrm{d}\mu(x) = \int_F f(y) \mathrm{d}\mu(T^{-1}(y))$$

或

$$\int_{T^{-1}(F)} fT \mathrm{d}\mu = \int_F f \mathrm{d}\mu T^{-1}$$

记住这个定理后,考虑

$$G \xrightarrow{T} G \xrightarrow{x} R \cup \{\pm\infty\}$$

$$T: g \to gh$$

其中 x 是一个波莱尔可测函数,T^{-1} 是由

$$T^{-1}: g \to gh^{-1}$$

所给出,G 中的 σ - 代数为 S,又 μ 为一个右哈尔测度. 现在,我们有

$$\int_{T^{-1}(G)=G} x(gh) \mathrm{d}\mu(g) = \int_G x(g) \mathrm{d}\mu(gh^{-1})$$

但由于 μ 的右不变性,右端化为

① 记包含实直线上一切闭(开)集的最小 σ - 代数为实直线的波莱尔集类,那么我们就可以将定义 4 重新叙述如下:若在扩充了的实数中任一波莱尔集的逆象是在 S_X 中,则称 f 为可测函数.

$$\int_G x(g)\,\mathrm{d}\mu(g)$$

这样一来,右不变哈尔测度导出了右不变积分.现在,我们要证明反过来也成立,即右不变积分可以导出右不变测度.

以 $k_E(g)$ 表示 $E\in S$ 的特征函数,假定

$$\int_G k_E(gh)\,\mathrm{d}\mu(g) = \int_G k_E(g)\,\mathrm{d}\mu(g) = \mu(E)$$

但

$$gh \in E \Rightarrow g \in Eh^{-1}$$

因此

$$\mu(Eh^{-1}) = \mu(E)$$

§2　哈尔覆盖函数

下面的记号将在后面的讨论中一直被用到.

G:局部紧拓扑群.

$C_0(G)$:G 上具有紧支柱的实值连续函数所组成的集.

$C_0^+(G)$:G 上具有紧支柱的一切非负连续函数所组成的集.

φ:凡这个记号出现时,即使附有下标,都表示 $C_0^+(G)$ 中不恒等于0的函数.

记住这些记号之后,我们现在讨论哈尔覆盖函数.

设 $f\in C_0^+(G)$,考虑所有可能的有限个元素集

$$g_1,g_2,\cdots,g_n\in G$$

与非负常数

$$c_1,c_2,\cdots,c_n$$

满足

$$f(g) \leqslant \sum_{i=1}^{n} c_i \varphi(gg_i) \tag{1}$$

对一切 $g \in G$ 成立.

如果存在某个元素集和非负常数满足(1),我们就定义 f 关于 φ 的哈尔覆盖函数为

$$(f:\varphi) = \inf \sum_i c_i$$

其中 inf 是对所有满足(1)的非负常数组 $\{c_i\}$ 所组成的集上取的,而每一个这种常数组 $\{c_i\}$ 显然是与元素集 $\{g_i\}$ 相联系的. 现在我们要指明这样的元素集和相关的常数组是存在的.

因为 φ 不恒等于 0,故必有某个元素 $h \in G$,使得 $\varphi(h) > 0$. 这样一来,就必定存在一个正的常数 ε,使得

$$\varphi(h) > \varepsilon > 0$$

令 $U = \{g \mid \varphi(g) > \varepsilon\} = \varphi^{-1}(\varepsilon, \infty)$. 现在我们注意关于 U 的两个事实:

(1)因为 φ 是连续的,在这一映射之下,开集的逆象一定是开集,所以 U 是开集.

(2)因 $h \in U$,故 $U \neq \varnothing$.

又因为 G 是局部紧的,故一定存在 h 的某个邻域 W,使得 $\overline{W}$ 是紧的. 考虑由 $V = U \cap W$ 所确定的 h 的邻域. 现在,因为 $\overline{V} \subset \overline{W}$,故 $\overline{V}$ 也是紧的. 但

$$\overline{V} \subset U \subset \{g \mid \varphi(g) \geqslant \varepsilon\}$$

于是

$$\inf_{g \in \overline{V}} \varphi(g) \geqslant \varepsilon > 0$$

因为 $V \subset \overline{V}$,我们也有

$$m = \inf_{g \in V} \varphi(g) \geqslant \inf_{g \in \overline{V}} \varphi(g) > 0$$

由 $f\in C_0^+(G)$,故必存在某个紧集 E,f 在 E 之外为零.又因为一个连续函数在紧集上有最大值,故必定存在一个正的常数 M_f,使得对一切 $g\in G$,有

$$f(g)\leqslant M_f$$

对任一 $g\in E$,我们能够写

$$g\in Vh^{-1}g$$

其中 h 是 V 中任意一个元素.令 g 迹遍 E,显然就有开集 $\{Vh^{-1}g\}$ 覆盖了 E.因为 E 为紧的,故一定存在 $g_i\in G$,使得

$$E\subset\bigcup_{i=1}^{n}Vg_i^{-1}$$

现在,我们证明下述命题:

命题　对每一 $g\in G$,有

$$f(g)\leqslant\sum_{i=1}^{n}\frac{M_f}{m_\varphi}\varphi(gg_i)\tag{2}$$

为了证明这一命题,我们必须考虑两种可能性:

(1)若 $g\in CE$,则 $f(g)=0$,式(2)满足.

(2)若 $g\in E$,因为 $\{Vg_i^{-1}\}$ 覆盖了 E,故一定存在 i 使得

$$g\in Vg_i^{-1}\text{或 }gg_i\in V$$

这含有

$$\varphi(gg_i)\geqslant m_\varphi$$

将左端的正项相加,有

$$\sum_{i=1}^{n}\varphi(gg_i)\geqslant m_\varphi$$

即

$$\sum_{i=1}^{n}\frac{\varphi(gg_i)}{m_\varphi}\geqslant 1$$

于是

$$M_f \sum_{i=1}^{n} \frac{\varphi(gg_i)}{m_\varphi} \geqslant M_f \geqslant f(g)$$

这就完成了证明.

注 1 由这一证明直接得出

$$(f:\varphi) \leqslant \frac{nM_f}{m_\varphi}$$

在下面的定理中,我们列出并证明由哈尔覆盖函数的定义直接获得的几个结果.

定理 1 若 $f \in C_0^+(G)$,则下述性质成立:

(1)令 $f_h(g) = f(gh)$,那么 $(f_h:\varphi) = (f:\varphi)$;

(2)若 $a \geqslant 0$,那么 $(af:\varphi) = a(f:\varphi)$;

(3)$(f_1 + f_2:\varphi) \leqslant (f_1:\varphi) + (f_2:\varphi)$;

(4)$(f:\varphi_2) \leqslant (f:\varphi_1)(\varphi_1:\varphi_2)$.

证明 (1)设 g_i 和 c_i 为使得式(3)满足的元素集和数组,即

$$f(g) \leqslant \sum_i c_i \varphi(gg_i) \tag{3}$$

又考虑

$$f_h(g) = f(gh) \leqslant \sum_i c_i \varphi(ghg_i)$$

因此,对 f_h 来说,c_i, hg_i 满足式(3),我们有

$$\{c_i \mid f(g) \leqslant \sum_i c_i \varphi(gg_i),\text{对一切 } g \text{ 成立}\} \subset$$

$$\{d_i \mid f_h(g) \leqslant \sum_i d_i \varphi(gg_i),\text{对一切 } g \text{ 成立}\} \tag{4}$$

我们希望证明上式反过来也成立. 为了这一目的,考虑 $\{d_i\}, \{g_i\}$,使得

$$f_h(g) \leqslant \sum_i d_i \varphi(gg_i) \Rightarrow f(gh) \leqslant \sum_i d_i \varphi(gg_i)$$

令 $y = gh$,对一切 $y \in G$ 我们就有

$$f(y) \leqslant \sum_i d_i \varphi(yh^{-1}g_i)$$

这样一来，就把式(4)中的包含关系倒了过来. 于是

$$(f_h:\varphi)=(f:\varphi)$$

(2)若

$$f(g)\leqslant\sum_i c_i\varphi(gg_i)$$

则

$$af(g)\leqslant\sum_i ac_i\varphi(gg_i)\quad(a\geqslant 0)$$

同时逆过来也成立，因而

$$(af:\varphi)=\inf(\sum_i ac_i)=a\inf(\sum_i c_i)=a(f:\varphi)$$

(3)对任何 $\varepsilon>0$，由下确界定义，一定存在 c_i,g_i $(i=1,2,\cdots,n)$，使得

$$f_1(g)\leqslant\sum_{i=1}^n c_i\varphi(gg_i)$$

以及

$$\sum_{i=1}^n c_i<(f_1:\varphi)+\varepsilon$$

成立. 类似地，一定存在 $d_i,h_i(i=1,2,\cdots,k)$，使得

$$f_2(g)\leqslant\sum_{i=1}^k d_i\varphi(gh_i)$$

以及

$$\sum_{i=1}^k d_i<(f_2:\varphi)+\varepsilon$$

成立. 现在我们就有

$$(f_1+f_2)(g)=f_1(g)+f_2(g)\leqslant\sum_{i=1}^n c_i\varphi(gg_i)+\sum_{i=1}^k d_i\varphi(gh_i)$$

令

$$d_1 = c_{n+1}$$
$$\vdots$$
$$d_k = c_{n+k}$$
$$h_1 = g_{n+1}$$
$$\vdots$$
$$h_k = g_{n+k}$$

得

$$(f_1 + f_2 : \varphi) \leqslant \sum_{i=1}^{n+k} c_i = \sum_{i=1}^{n} c_i + \sum_{i=1}^{k} d_i <$$
$$(f_1 : \varphi) + (f_2 : \varphi) + 2\varepsilon$$

但因为 ε 是任意的,这就意味着

$$(f_1 + f_2 : \varphi) \leqslant (f_1 : \varphi) + (f_2 : \varphi)$$

(4)存在 c_i, g_i,使得对任何 $\varepsilon > 0$,下面两个式子成立

$$f(g) \leqslant \sum_i c_i \varphi_1(g g_i), \sum_i c_i < (f : \varphi_1) + \varepsilon \quad (5)$$

又存在 d_k, g_k 使得

$$\varphi_1(g) \leqslant \sum_k d_k \varphi_2(g g_k), \sum_k d_k < (\varphi_1 : \varphi_2) + \varepsilon \quad (6)$$

也成立. 重写式(6),我们得到

$$\varphi_1(g g_i) \leqslant \sum_k d_k \varphi_2(g g_i g_k)$$

将上式代入式(5),得

$$f(g) \leqslant \sum_i c_i \sum_k d_k \varphi_2(g g_i g_k)$$

由此得到

$$(f : \varphi_2) \leqslant \sum_i c_i \sum_k d_k$$

和 $(f : \varphi_2) < ((f : \varphi_1) + \varepsilon)((\varphi_1 : \varphi_2) + \varepsilon)$

又因为 ε 是任意的,故

$$(f : \varphi_2) \leqslant (f : \varphi_1)(\varphi_1 : \varphi_2)$$

定理 2　若 $f \in C_0^+(G)$ 并且 $f \neq 0$，则 $(f:\varphi) > 0$.

证明　考虑 c_i 与 g_i，使得对一切 $g \in G$，有

$$f(g) \leqslant \sum_i c_i \varphi(gg_i)$$

当然我们也有

$$f(g) \leqslant \sup_{g \in G} \varphi(g) \sum_i c_i$$

对任何 g 成立，这意味着

$$\sup_{g \in G} f(g) \leqslant \sup_{g \in G} \varphi(g) \sum_i c_i$$

因此

$$\frac{\sup f}{\sup \varphi} \leqslant \sum_i c_i$$

这样一来，对任意一个这样的和式 $\sum_i C_i$，$\frac{\sup f}{\sup \varphi}$ 是一个下界. 故

$$0 < \frac{\sup f}{\sup \varphi} \leqslant (f:\varphi)$$

证毕.

现在，考虑某个函数 $f_0 \in C_0^+(G)$ 并且 $f_0 \neq 0$. 我们定义

$$I_\varphi(f) = \frac{(f:\varphi)}{(f_0:\varphi)}$$

由定理 1 和定理 2 直接得出下面的性质：

注 2　若 $f \neq 0$，则 $I_\varphi(f) > 0$.

注 3　$I_\varphi(f_h) = \frac{(f_h:\varphi)}{(f_0:\varphi)} = \frac{(f:\varphi)}{(f_0:\varphi)} = I_\varphi(f)$.

注 4　若 $a \geqslant 0$，则 $I_\varphi(af) = aI_\varphi(f)$.

注 5　$\frac{1}{(f_0:f)} \leqslant I_\varphi(f) \leqslant (f:f_0)$.

为了证明注 5，我们注意到由定理 1 的(4)可得

$$\frac{(f:\varphi)}{(f_0:\varphi)} \leqslant (f:f_0)$$

和

$$\frac{(f:\varphi)}{(f_0:\varphi)} \geqslant \frac{1}{(f_0:f)}$$

证毕.

设 U 是某个邻域. 我们将用 F_U 来表示在 CU 上为零的 $C_0^+(G)$ 中的那些函数. F_U 是非空的.

定理 3 设已给 $\varepsilon>0$,并设 $f_1, f_2, \cdots, f_n \in C_0^+(G)$ 具有性质:对一切 $g\in G$, $\sum\limits_{i=1}^{n} f_i(g) \leqslant 1$,则存在单位元的一个邻域 U,使得对一切 $\varphi \in F_U$ 和任何 $f\in C_0^+(G)$,有

$$\sum_{i=1}^{n} I_\varphi(ff_i) \leqslant I_\varphi(f)(1+\varepsilon)$$

证明 已知存在 e 的邻域 U_i,使得对 $i=1,\cdots,n$ 以及 $g'g^{-1}\in U_i$,有

$$|f_i(g)-f_i(g')| < \frac{\varepsilon}{n}$$

成立. 因此,对 $U=\bigcap\limits_{i=1}^{n} U_i$,我们有:对每个 i 和 $g'g^{-1}\in U$,有

$$|f_i(g)-f_i(g')| < \frac{\varepsilon}{n}$$

成立. 又由本章关于存在性的论述,存在 c_k 与 g_k,使得

$$f(g) \leqslant \sum_k c_k\varphi(gg_k) \tag{7}$$

并且还使得

$$\sum_k c_k \leqslant (f:\varphi)+v \quad (v>0)$$

因为 $\varphi \in F_U$,于是当 $gg_k \notin U$ 时,一定有 $\varphi(gg_k)=0$. 因此,在式(7)中如果除去 $gg_k \notin U$ 的一切 k 所组成的项,式(7)仍一样成立. 以"$\sum\limits_k {}^*$"表示求和中只考虑 $gg_k \in U$ 的 k,我们能够将式(7)改写为

$$f(g) \leqslant \sum_k {}^* c_k \varphi(gg_k)$$

现在,我们有

$$f_i(g)f(g) \leqslant \sum_k {}^* c_k \varphi(gg_k) f_i(g) \qquad (8)$$

对 $gg_k \in U$ 和任何 i 成立. 然而,$gg_k \in U$ 是等价于

$$g(g_k^{-1})^{-1} \in U$$

因此有

$$|f_i(g) - f_i(g_k^{-1})| < \frac{\varepsilon}{n}$$

利用上式,我们就能用

$$f_i(g)f(g) \leqslant \sum_k {}^* c_k \left(f_i(g_k^{-1}) + \frac{\varepsilon}{n}\right)\varphi(gg_k)$$

来代替式(8). 又因为加几个零当然没有关系,故能够写为

$$f_i(g)f(g) \leqslant \sum_k c_k \left(f_i(g_k^{-1}) + \frac{\varepsilon}{n}\right)\varphi(gg_k)$$

它对每一 $g \in G$ 成立. 因此

$$(f_i f : \varphi) \leqslant \sum_k c_k \left(f_i(g_k^{-1}) + \frac{\varepsilon}{n}\right)$$

这样就得到

$$\sum_i (f_i f : \varphi) \leqslant \sum_i \sum_k c_k \left(f_i(g_k^{-1}) + \frac{\varepsilon}{n}\right)$$

但因为对任何 g, $\sum\limits_i f_i(g) \leqslant 1$,故我们能够说

$$\sum_i (f_i f : \varphi) \leqslant \sum_k c_k (1+\varepsilon)$$

此外,我们已有

$$\sum_k c_k \leqslant (f:\varphi)+v$$

因此,除以$(f_0:\varphi)$ $(f_0\neq 0)$就得到

$$\sum_i \frac{(f_i f:\varphi)}{(f_0:\varphi)} \leqslant \frac{(f:\varphi)+v}{(f_0:\varphi)}(1+\varepsilon)$$

其中 v 是任意的. 令 v 趋于 0,就有

$$\sum_i I_\varphi(f_i f) \leqslant I_\varphi(f)(1+\varepsilon)$$

这就是所要的结果.

第8章 局部紧拓扑群上右不变哈尔积分的存在性

这里，我们将主要利用第 7 章的结果来证明，在任何一个局部紧拓扑群 G 上，存在右不变哈尔积分．我们的第一个定理将专门证明这一命题．然而，只是在具有紧支柱的连续函数类 $C_0(G)$ 上，来证明这种积分的存在，还不能使我们完全满意．我们要做的事情是在一个更大的函数类上进行工作，即在一个更大的类上，可以应用上面积分所确定的右不变哈尔测度．因此，在证明了 $C_0(G)$ 上右不变哈尔积分的存在性之后，我们希望将它扩张到更大的一类函数上去[①].

作为提供所需要的扩张的可能，有两种途径是我们可行的：

(1)我们可以集中力量于积分，而不去关心同时发生的基本测度的扩张．特别地，我们将在本章指出丹尼尔(Daniell)

① 当我们将这一点与黎曼积分的局限性作比较时，就容易明白为什么要这样做，黎曼积分是限于关于勒贝格测度几乎处处连续的函数，而需要把它扩张为勒贝格积分.

扩张方法的一切要点. 这种可能情况是我们要研究的,但这里不去做进一步的讨论.

(2)另一种办法,我们可以用测度论的方式来着手,并集中力量于测度的扩张. 在本章中,我们将研究这一可能情况. 存在性定理中所定义的积分将被用作获得测度的跳板. 为了读者方便起见,本章末尾有一个附录,列出了测度论方面的一些有关结果.

现在开始讨论我们的主要结果,即证明局部紧拓扑群 G 上波莱尔可测函数全体所组成的线性向量格上的右不变哈尔积分的存在性. 首先,我们证明 G 上具有紧支柱的连续函数全体所组成的线性向量格上的右不变哈尔积分的存在性.

定理 设 G 是一个局部紧拓扑群, 则在 $C_0(G)$ 上存在一个右不变哈尔积分.

证明 引入记号:

$\{\varphi\}$: $C_0^+(G)$ 中不恒为零的元素全体.

S : $\varphi\in\{\varphi\}$ 且在单位元 e 的某个邻域中不为零.

现在我们给出 S 中的半序如下:

设 $\varphi_1,\varphi_2\in S$,则当

$$\{g\mid\varphi_1(g)=0\}\supset\{g\mid\varphi_2(g)=0\}$$

时,定义

$$\varphi_1\geqslant\varphi_2$$

我们断言:S 是一个有向集. 这是因为对任何 $\varphi_1,\varphi_2\in S$,在 e 的某个邻域中,φ_1,φ_2 均不为零,故 $\varphi_1\varphi_2\in S$,并且

$$\varphi_1\varphi_2\geqslant\varphi_1,\varphi_1\varphi_2\geqslant\varphi_2$$

令 $f\in C_0^+(G)$,并考虑映射

$$S\to R$$

$$\varphi \to I_\varphi(f)$$

这样一来,$\{I_\varphi(f)\}$是由实数所组成的一个广义序列.我们要证明,实际上它是一个广义柯西(Cauchy)序列.我们断言(F_U 在前一章已提到过):

若对 $\varepsilon>0$,存在单位元的某个邻域 U,使得

$$|I_{\varphi_1}(f)-I_{\varphi_2}(f)|<\varepsilon \text{ 对一切 } \varphi_1,\varphi_2\in F_U \text{ 成立} \quad (1)$$

则$\{I_\varphi(f)\}$是一个广义柯西序列,它意味着 $\lim\limits_S I_\varphi(f)$ 存在.

首先,证明由条件(1)可以推断$\{I_\varphi(f)\}$是一个广义柯西序列,然后,再证明存在着单位元的这种邻域 U. 为了证明前一个命题,考虑单位元的某个邻域 U,因为我们所考虑的是局部紧空间,故可以断言存在 e 的另一个邻域 V,使得 V 的闭包是紧集①,并且 $\bar{V}\subset U$. 此外,一定存在开集 U_0 和紧集 C_0,使得 $\bar{V}\subset U_0\subset C_0\subset U$,还存在某个连续函数 φ,它在 $\bar{V}$ 上取值 1,而在 CU_0 上取值 0. 假定(1)成立,并且 U 是(1)中提及的 U,则(1)中提及的不等式对 F_U 中一切 φ_1,φ_2 成立. 于是,当然有 $\varphi\in S$,使得

$$|I_{\varphi_1}(f)-I_{\varphi_2}(f)|<\varepsilon$$

对 $\varphi_1,\varphi_2\geqslant\varphi$ 成立,其中 $\varphi_1,\varphi_2\in S$. 因此,由(1)就获得$\{I_\varphi(f)\}$是一个广义柯西序列. 现在,我们要证明(1)成立.

若 $f,f_0\in C_0^+(G)$,$f_0\neq 0$,则存在 e 的某个邻域 V,它具有紧闭包,并且使得

$$|f(g)-f(\hat{g})|<\varepsilon \text{ 与 } |f_0(g)-f_0(\hat{g})|<\varepsilon_1$$

① 这从 G 的局部紧性得出.

对一切 $g \in V\hat{g}$ 成立,其中 ε_1 是一个任意正数. 因为在下面的讨论中,我们只对小的 ε_1 有兴趣,故就假定 $\varepsilon < 1$. 现在设 $\varphi \in F_V$ 不恒为零. 又知存在 c_i 与 g_i,使得

$$w(g) = |f(g) - \sum_i c_i\psi(gg_i)| < 2\varepsilon_1$$

其中 i 取遍 1 到 n.

由第 7 章 §2 中的注 5 与注 1,我们可以说

$$I_\varphi(w) \leqslant (w:f_0)$$

以及

$$(w:f_0) \leqslant \frac{\max w}{m_{f_0}} k \leqslant \frac{2\varepsilon_1}{m_{f_0}} k$$

其中 k 是某个整数,m_{f_0}是(某个开集上的)$\inf f_0$,它是一个正数①. 现在我们要想证明 k 不依赖于 ε_1(即对一切 $\varepsilon_1 < 1$ 都一样). 一旦建立了这点之后,我们就已证明:当 ε_1 超于零时,$I_\varphi(w)$ 为有界. 因为 k 只依赖于某个紧集,而在此紧集之外 w 为零,所以,如果我们能够指明,确实有某个紧集,它与 ε_1 无关,并且在此紧集之外一切 $w(g)$ 为零,那么我们就证明了 ε_1 与 k 的独立性. 为了这一目的,考虑

$$F = \{x \mid f(x) > 0\}$$

因为$f \in C_0^+(G)$,故存在紧集 E,使得 $F \subset E$. 此外,我们知道,前面提及的 g_i 适合

$$E \subset \bigcup_{i=1}^{n} Vg_i^{-1}$$

因此,对每个 i,有

$$Vg_i^{-1} \cap E \neq \varnothing$$

① 参看关于哈尔覆盖函数存在性的讨论.

这就意味着

$$\bar{V}g_i^{-1}\cap E\neq\varnothing$$

现在我们可以断言,存在一个 $\bar{v}\in\bar{V}$,使得

$$\bar{v}g_i^{-1}=x\in E\Rightarrow g_i^{-1}=\bar{v}^{-1}x\in\bar{V}^{-1}E$$

或

$$g_i^{-1}\in\bar{V}^{-1}E$$

下面我们证明:对一切 $\varepsilon_1<1$,所有的 $w(g)$ 在紧集

$$\bar{V}_1\bar{V}_1^{-1}E\cup E$$

之外为零,其中 V_1 是对应于 $\varepsilon_1=1$ 的邻域. 要证明这点,只要证明 $f(g)$ 与 $\sum_i c_i\psi(gg_i)$ 的每一项在这个集之外为零就行了.

显然,若

$$g\notin\bar{V}_1\bar{V}_1^{-1}E\cup E$$

则

$$g\notin E$$

这就有 $f(g)=0$. 现在我们要证明,使每一个 $\psi(gg_i)$ 为零的一个充分条件是 $g\notin\bar{V}_1g_i^{-1}$.

为了这一目的,假定

$$g\notin\bar{V}_1g_i^{-1}\Rightarrow g\notin V_1g_i^{-1}\Rightarrow gg_i\notin V_1$$

因为 $\psi\in F_{V_1}$,于是,若 $g\notin V_1g_i^{-1}$,则 $\psi(gg_i)=0$.

在我们所讨论的情形中,有

$$g\notin\bar{V}_1\bar{V}_1^{-1}E$$

但因为 $g_i^{-1}\in\bar{V}_1^{-1}E$,于是 $g\notin\bar{V}_1g_i^{-1}$. 因此

$$\psi(gg_i)=0$$

这就得出在 $\overline{V}_1\overline{V}_1^{-1}E\cup E$ 之外，$w(g)=0$. 这样，我们证明了所要求的 k 与 ε_1 的独立性.

在着手证明下一步之前，我们注意到来自第 7 章的若干事实：

（1）显然，存在某个紧集 E'，在 E' 之外，f 与 f_0 两者均为零.

（2）我们已构造过一些函数 h_i. 显然，在这一构造（关于 E'）下，我们可以构造出对 f 和 f_0 都适用的 h_i.

（3）我们知道，一定存在 e 的某个邻域 U，使得对一切 $\varphi\in F_U$，有

$$I_\varphi\Big(\sum_i c_i\psi(gg_i)\Big)\leqslant\sum_i c_iI_\varphi(\psi(gg_i))=$$

$$\Big(\sum_i c_i\Big)I_\varphi(\psi)\leqslant I_\varphi\Big(\sum_i c_i\psi(gg_i)\Big)+\frac{\varepsilon_1}{m_{f_0}}\qquad(2)$$

（4）显然，由于加在 V 上的约束，使我们对 f_0 能够做出类似于(1)的陈述；同样的 U 与同样的 ψ 对 f_0 有效，唯一需要改变的是用

$$d_i=\frac{I_\psi(h_if_0)}{I_\psi(\psi^*)}$$

代替 c_i.

这样做了之后，现在我们将对(1)进行一些运算，而在最后结果中，用 d_i 代 c_i，用 f_0 代 f，以得到关于 f_0 的同样结果. 由 $w(g)$ 的定义，对任何 $\varphi\in F_U$，有

$$I_\varphi(f)-\frac{2\varepsilon_1}{m_{f_0}}k\leqslant I_\varphi\Big(\sum_i c_i\psi(gg_i)\Big)\leqslant I_\varphi(f)+\frac{2\varepsilon_1}{m_{f_0}}k$$

利用上式与式(2)，有

$$I_\varphi(f)-\frac{2\varepsilon_1}{m_{f_0}}k\leqslant\Big(\sum_i c_i\Big)I_\varphi(\psi)\leqslant I_\varphi(f)+\frac{2\varepsilon_1}{m_{f_0}}k+\frac{\varepsilon_1}{m_{f_0}}$$

对 $\varphi \in F_U$ 成立. 令 $\varepsilon_2 = (2k+1)\dfrac{\varepsilon_1}{m_{f_0}}$,就有

$$I_\varphi(f) - \varepsilon_2 \leqslant \left(\sum_i c_i\right) I_\varphi(\psi) \leqslant I_\varphi(f) + \varepsilon_2 \qquad (3)$$

如上面所说的,现在我们也有

$$I_\varphi(f_0) - \varepsilon_2 \leqslant \left(\sum_i d_i\right) I_\varphi(\psi) \leqslant I_\varphi(f_0) + \varepsilon_2 \qquad (4)$$

利用式(3)与式(4),就得出

$$\frac{\sum_i c_i}{\sum_i d_i}(1 - \varepsilon_2) - \varepsilon_2 \leqslant I_\varphi(f) \leqslant \frac{\sum_i c_i}{\sum_i d_i}(1 + \varepsilon_2) + \varepsilon_2$$

不等式两边都加 1,并假定 $\varepsilon_2 \leqslant \dfrac{1}{2}$,就有

$$\frac{\sum_i c_i}{\sum_i d_i} + 1 \leqslant \frac{I_\varphi(f) + 1}{1 - \varepsilon_2} \leqslant 2(I_\varphi(f) + 1) \leqslant 2((f:f_0) + 1)$$

对任何 $\varphi \in F_U$ 成立. 因此,若 $\varphi_1, \varphi_2 \in F_U$,就有

$$| I_{\varphi_1}(f) - I_{\varphi_2}(f) | \leqslant 2\varepsilon_2 \left(1 + \frac{\sum_i c_i}{\sum_i d_i}\right) = 2(2k+1)\frac{\varepsilon_1}{m_{f_0}} \cdot 2((f:f_0) + 1)$$

现在,令 $\varepsilon_1 \to 0$,就得到所要的结果,也就是说 $\{I_\varphi(f)\}$ 是一个广义的柯西序列. 又因为 R 是一个完备的距离空间,故

$$\lim_{S} I_{\varphi}(f) = I(f)$$

存在.做到这点之后,现在我们要证明 $I(f)$ 确实是 $C_0^+(G)$ 上的右不变积分.

1. 一般地,若 $f \in C_0^+(G)$,并且 $f \not\equiv 0$,则

$$I_{\varphi}(f) \geqslant \frac{1}{(f_0 : f)} > 0$$

对一切 φ 成立.这意味着当 $f \geqslant 0$ 且 $f \not\equiv 0$ 时

$$I(f) > 0$$

2. 固定 h,因为

$$I_{\varphi}(f(gh)) = I_{\varphi}(f(g))$$

对一切 φ 成立,则我们也有

$$I(f(gh)) = I(f(g))$$

3. 若 $c_1, c_2 \geqslant 0$ 且 $v > 0$,则存在 e 的某个邻域 U,使得对一切 $\varphi \in F_U$,有

$$|I_{\varphi}(c_1 f_1 + c_2 f_2) - c_1 I_{\varphi}(f_1) - c_2 I_{\varphi}(f_2)| < v$$

因此

$$|I(c_1 f_1 + c_2 f_2) - c_1 I(f_1) - c_2 I(f_2)| < v$$

其中 v 是任意的,这就得到

$$I(c_1 f_1 + c_2 f_2) = c_1 I(f_1) + c_2 I(f_2)$$

最后,我们取

$$f^+(g) = \begin{cases} f(g), \text{当} f(g) \geqslant 0 \\ 0, \text{其他} \end{cases}$$

和

$$f^-(g) = \begin{cases} -f(g), \text{当} f(g) < 0 \\ 0, \text{其他} \end{cases}$$

然后,取

$$I(f) = I(f^+) - I(f^-)$$

我们看到 $I(f)$ 在整个 $C_0(G)$ 上具有上面提到的性质.

这就完成了证明.

在 $C_0(G)$ 上建立了上面的积分之后,现在我们要把它扩张,如像前面所指出的,这有许多方法.

首先,我们将扼要地指明丹尼尔扩张方法的要点,以便将积分从 $C_0(G)$ 扩张到贝尔类.

§1　丹尼尔扩张方法

注意到 $C_0(G)$ 是一个实向量空间,我们有理由称上面定义的 $I(f)$ 是一个线性泛函. 此外,因为 $I(f)$ 还具有性质

$$f \geqslant 0 \Rightarrow I(f) \geqslant 0$$

故我们称 I 是一个正线性泛函.

现在考虑一列属于 $C_0(G)$ 的函数 $f_1, \cdots, f_n, \cdots$,它们单调递减收敛于零[①]. 因为

$$I_\varphi(f_n) \leqslant (f_n : f_0) \leqslant \frac{\max f_n}{m_{f_0}} k$$

其中 k 是某个整数,可以选取它与 n 无关,显然 $I_\varphi(f_n)$ 单调地收敛于零,这就有 $I(f_n)$ 也单调地收敛于零. 因此

$$f_n \xrightarrow{\text{单调}} 0 \Rightarrow I(f_n) \xrightarrow{\text{单调}} 0$$

我们称这一性质为性质(M). 现在定义

$$f \wedge g = \inf(f, g)$$

$$f \vee g = \sup(f, g)$$

① 显然,由迪尼(Dini)定理,因为 f_n 为连续并且具有紧支柱,故它们一定一致收敛.

其中$f,g\in C_0(G)$. 显然,函数$f\wedge g$与$f\vee g$都是$C_0(G)$中的元素. 将上面的运算表示为格运算,我们就可以将上面的结果说成$C_0(G)$在格运算下是封闭的,或者说$C_0(G)$是一个线性向量格.

(1)$C_0(G)$是一个线性向量格.

(2)I是$C_0(G)$上具有性质(M)的正线性泛函.

这些事实使我们可以在贝尔类上定义I的丹尼尔扩张I_e. 此外,若简单地记$C_0(G)$的单位函数为1,因为

$$f\wedge 1\in C_0(G)$$

对任何一个$f\in C_0(G)$成立,故我们有表示式

$$I_e(f)=\int_G f\mathrm{d}\mu$$

其中积分为通常意义下的积分.

这就结束了关于丹尼尔方法的讨论,现在我们转向测度论的方法.

§2 测度论的方法

在开始之前,请注意这里所使用的大多数有关术语在本章附录中都有定义. 首先,我们将描述一个一般的轮廓,然后将它应用于这里所考虑的特殊情形,但在这样做之前,我们需要下面的定理.

表示定理 若$J(f)$是$C_0(G)$上的正线性泛函,则存在唯一的波莱尔测度μ,使得

$$J(f)=\int_G f\mathrm{d}\mu$$

虽然我们不在这里证明这个定理,但我们将指出

怎样从前面定义的 $I(f)$ 来构造(右不变)波莱尔测度.首先,对任何 $E\in\hat{C}$,$\hat{C}$ 是 G 中所有紧集所组成的集类,定义

$$\lambda(E)=\inf_{f\in B_E} I(f)$$

$$B_E=\{f\in C_0^+(G)\mid f(g)\geqslant k_E(g)\text{对一切 }g\in G\text{ 成立}\}$$

k_E 是 E 的特征函数.我们不加证明地说,λ 是 $\hat{C}$ 上的一个正则容度.然而,任何容度诱导出一个内容度如下:

以 $\hat{O}$ 表示 G 的开集所组成的集类,并且对 $O\in\hat{O}$,取

$$\lambda_*(O)=\sup_{\substack{F\subset O\\ F\in\hat{C}}}\lambda(F)$$

粗略地说,这里所需要的是 O 中"最大的"紧集.现在,λ_* 就是 $\hat{O}$ 上的导出内容度.完成了这一步之后,就可以在 G 上定义一个外测度 μ^*:假设 $E\subset G$,取

$$\mu^*(E)=\inf_{E\subset O\in\hat{O}}\lambda_*(O)$$

粗略地说,这里我们希望用一个开集来"逼近"E.其次,我们定义 μ^*-可测集为这样的集 E,它使得

$$\mu^*(A)=\mu^*(A\cap E)+\mu^*(A\cap CE)$$

对任何集 $A\subset G$ 成立[①].换言之,μ^*-可测集可加地分裂一切其他的集.我们可以证明,μ^*-可测集含有波莱尔集的全体 S,还可以证明:当约束 μ^* 于 S 时,就得出正则波莱尔测度,称它为 μ.用图解来说明,这个方法过程如下

---

① 请再次注意:我们假定全空间 G 是一个波莱尔集.否则,我们必须考虑开的波莱尔集,并在一切 σ-有界集所组成的可传 σ-环上考虑 μ^*.

$$C_0(G) \text{ 上的 } I(f)$$
$$\searrow$$
$$\hat{C} \text{ 上的 } \lambda$$
$$\searrow$$
$$\hat{O} \text{ 上的 } \lambda_*$$
$$\searrow$$
$$\text{一切子集上的 } \mu^*$$
$$\searrow$$
$$S \text{ 上的 } \mu$$

其中箭头表示为“导致”.

此外,由下面的定理知道这样定义的测度 μ 是右不变的.

定理 设 X 是一个局部紧豪斯多夫空间,又设 T 是一个同胚映射,其中

$$T: X \to X$$

若 λ 是一个容度,那么

$$\tilde{\lambda}(F) = \lambda(T(F)) \quad (F \text{ 为紧集})$$

也是一个容度,并且对应的测度具有性质

$$\tilde{\mu}(E) = \mu(T(E))$$

对一切 $E \in S$ 成立,其中 μ 是由 λ 所决定的测度,$\tilde{\mu}$ 是由 $\tilde{\lambda}$ 所决定的测度.

在我们所讨论的情况中,注意到:因为 $I(f_h) = I(f)$,其中 $f_h(g) = f(gh)$,则由 λ 的定义,$\lambda(Eh) = \lambda(E)$ 对一切 $E \in \hat{C}$ 成立. 现在考虑同胚映射

$$T: G \to G$$
$$g \to gh$$

并考虑 $\tilde{\lambda}(E)=\lambda(T(E))=\lambda(Eh)=\lambda(E)$. 由上面定理,现在我们可以说

$$\mu(E)=\tilde{\mu}(E)=\mu(Eh)$$

其中 $\lambda\to\mu$ 和 $\tilde{\lambda}\to\tilde{\mu}$. 这就建立了 μ 的右不变性.

应当注意,λ 是一个正则容度保证了对任意一个紧集 F 有

$$\mu(F)=\lambda(F)$$

因此,μ 确实是 λ 的一个扩张. 概括起来,我们得到下面几点:

(1)波莱尔测度是右不变的,或等价于下面一条.

(2)它是一切波莱尔集上的右不变测度.

(3)因此,对应的积分是在一切波莱尔函数上为右不变的. 虽然在前面的讨论中,我们曾含蓄地建立了下面两个事实,但在这里证明它们,以保证我们的扩张是一个右不变哈尔测度.

1)若 $O\in\hat{O}$,只要 $O\neq\varnothing$,就有 $\mu(O)>0$.

2)若 E 是紧集,则 $\mu(E)<\infty$.

1)的证明　设 $O\in\hat{O},O\neq\varnothing$.

因为 $O\neq\varnothing$,故存在某个元素 $g\in O$. 因为 G 是正则的(参见本章第一个定理的证明),故存在 g 的某个邻域 U,使得

$$g\in\bar{U}\subset O$$

其中 $\bar{U}$ 为紧集. 于是,我们知道,存在一个连续函数 f,使得

$$0\leqslant f\leqslant 1$$

在 $\bar{U}$ 上 $f=1$,在 CO 上 $f=0$.

显然,对一切 g,我们有

$$k_O(g) \geqslant f(g)$$

现在,因为$f \neq 0$,故有

$$0 < I(f) = \int_G f \mathrm{d}\mu \leqslant \int_G k_O \mathrm{d}u = \mu(O)$$

这就证明了1).

2)的证明 设$E \in \hat{C}$. 存在某个连续函数$h \in C_0^+(G)$,使得$h=1$,在E上.

显然$h \geqslant k_E$,k_E为E的特征函数. 但

$$\int_G h \mathrm{d}\mu = I(h) < \infty$$

因此

$$\mu(E) = \int_G k_E \mathrm{d}\mu \leqslant \int_G h \mathrm{d}\mu = I(h) < \infty$$

证毕.

§3 附 录

定义1 设$\hat{C}$为任意一个拓扑空间的所有紧集所组成的集类[①],若实值映射λ满足:

(1) $E \in \hat{C} \Rightarrow 0 \leqslant \lambda(E) < \infty$.

(2) $E_1, E_2 \in \hat{C}$,以及$E_1 \subset E_2 \Rightarrow \lambda(E_1) \leqslant \lambda(E_2)$.

(3) $E_1, E_2 \in \hat{C}$,以及$E_1 \cap E_2 = \varnothing \Rightarrow \lambda(E_1 \cup E_2) = \lambda(E_1) + \lambda(E_2)$.

(4) $E_1, E_2 \in \hat{C} \Rightarrow \lambda_1(E_1 \cup E_2) \leqslant \lambda(E_1) + \lambda(E_2)$.

(5) (正则性)用F^0表示集F的内点所组成的集

---

① 虽然可以在任意一个拓扑空间上定义正则容度,但我们最感兴趣的是当空间是一个局部紧豪斯多夫空间的时候.

合,则

$$\lambda(E)=\inf\{\lambda(F)\mid E\subset F^{0}\subset F\in\hat{C}\}$$

就称 λ 是 $\hat{C}$ 上的正则容度.

定义 2　由 λ 诱导的导出内容度 λ_* 是由

$$\lambda_*(O)=\sup\{\lambda(F)\mid F\subset O,F\in\hat{C}\}$$

给出的,其中 $O\in\hat{O}$.

定义 3　设 $\hat{H}$ 是一个可传的 σ－环. 若映射

$$\mu^*:\hat{H}\to R\cup\{+\infty\}$$

满足:

(1) $\mu^*\geqslant 0$.

(2) $H_1,\cdots,H_n,\cdots\in\hat{H}\Rightarrow\mu^*(\bigcup_{i=1}^{\infty}H_i)\leqslant\sum_{i=1}^{\infty}\mu^*(H_i)$.

(3)(单调性)若 $E_1,E_2\in\hat{H},E_1\subset E_2$,则 $\mu^*(E_1)\leqslant\mu^*(E_2)$.

(4)$\mu^*(\varnothing)=0$.

就称 μ^* 是一个外测度.

定义 4　设 B 是拓扑空间的一个子集,若存在一列紧集$\{E_n\}$使得

$$B\subset\bigcup_{n=1}^{\infty}E_n$$

就称 B 是 σ－有界.

编辑手记

为什么要出版这样一本对应试作用不大的书，借我们工作室的一位作者成斌（哥伦比亚大学，生物统计学系）先生发给笔者的一封电子邮件来解释是恰当的．成先生正在为我们翻译下列三本著作：

1. *A Review From the Top*：*Analysis*，*Combinatorics*，*Number Theory*（《高观点看分析、组合及数论》）；

2. *Algebraic Geometry*：*A Problem Solving Approach*（《通过解题学代数几何》）；

3. *Mostly Surfaces*（《曲面的数学》）．

成先生的原文是这样的：我想重申一下关于翻译这些书的动机．我国的数学奥赛教育已经达到世界一流，但是金牌之后如何保持持久的数学兴趣（我称之为“后金牌教育”，我在准备写一篇这方面的文章）是目前数学教育值得加强的地方. 深刻持久的数学兴趣是成为一流数学家的必经之路. 遗憾的是，目前我国大学数学教材有两个缺点. 一是严谨有余，趣味不足（这或许是国内许多奥赛优胜者对数学失去兴趣的原因之一）. 二是每门课内容各自独立，缺乏融会贯通，而我们只要看看近几年菲尔兹奖得主的工作就会发现这些工作往往跨越不同数学领域. 这就是我翻译这些书的原因，或许可以考虑称它们是“趣味大学数学丛书”，希望那些奥赛优胜者能尽早从中受益，也希望对国内大学数学教材的编写者有所启发.

1974 年，上海学习清华大学经验，对所有正副教授进行“突袭考试”. 复旦大学的试卷是本校各科的入学试卷，结果谭其骧（1911—1992）院士，数理化只做了“一亩等于几平方丈”这一道题. 这番考试的结果，被作为资产阶级知识分子毫无知识、一窍不通，连大学入学资格都没有的事例而广泛宣传. 其实，如果抛开对“文章”的反思，单就数学而论，这个问题就是一个测度问题. 当土地位于北方平原上，便是简单平凡的测度；而放到南方特别是山区，要想测量若干块不规则土地的面积之和就非易事了（华先生曾以此为模型命了一道全国联赛题）. 数学中也是如此. 测度论是近代数学的产物. 测度论的兴起与积分论有关，是积分理论的不断进步，要求数学家研究越来越远离直观的形形色色的测度. 1934 年上海光华大学《理科期刊》（创刊号）的第一篇文章就是论及这一问题的，作者为范会国，文章题目为“黎勒二氏积分及其比较（Riemann Integrals and Lebesgue Integrals and Their Comparison）”，其引言写道：

积分学固开端于牛顿（Newton）及莱布尼茨（Leibniz）二氏，但彼时之所谓积分者，其义甚狭，自从黎曼

(Riemann)氏后,积分之理论始大进步,其范围亦为较广,殆及勒贝格(Lebesgue)氏,更在此块领域,建起崇楼杰阁,巍然轮奂,虽难谓观止,其实科学是永无底止,除非宇宙覆灭,然数理学诚已增加不少力量矣.是篇所论者,即黎勒二氏之积分,并略为比较之.

本书对测度的介绍具有历史发展的源流考.

《错引耶稣》2005年在美国出版,之后连续9周名列《纽约时报》的畅销榜,至今已经售出38万册.作者埃尔曼是基督教史的专家,以研究新约和早期教会见称于美国学术界.在书中他提出的问题是:今日为人们普遍接受的经文,究竟是否是一成不变的神授本源?如果不是,那么在新约的形成与定典,传播与接受的过程中,是谁改动了经文?又是因何缘故?数学中的概念与理论也是如此.今天我们大家所接受的东西是否一开始就是今天的面貌.本书是没有像数学史书那样细致入微,但在现有的读物中,它显然可以充当工具书来使用.

牛津大学出版社编辑总监达摩恩·苏卡说:"工具书的出版与学术研究联系紧密.这些内容不是通过谷歌搜索就能找到的.相反,在这个信息泛滥的社会,对于学生和教育工作者来说,通过工具书获取真正有深度的内容,显得更加重要."

本书的主要内容均来自于日、德、俄、美的学术著作.当今的大中师生都是大忙人,没有时间广泛地为一个专题搜集许多资料进行系统阅读.这时,我们就要承担这些工作.这方面的榜样很多,如马克思为写《资本论》在大不列颠图书馆中搜集有关资料,光整理的笔记就达23本之多,计有1 472页;他仅做过笔记、摘录的书就有1 500多种.列宁为了写《俄国资本主义的发展》曾参考了563本书,钱钟书写《管锥编》时参考文献共计有4 000余种.

故此《增广贤文》中有言:“观今宜鉴古,无古不成今”.

当然这些并不是脑力劳动中的最高级形式,除内容安排之外.

在股市中有一段顺口溜:如果你不专业,那你就只能聪明;如果你还不聪明,那你只能手快;如果你又不专业,又不聪明,手还不快,那还是坐下来观赏吧!

在数学中也有类似情况:如果你不是天才,那你就只能勤奋;如果你还不勤奋,那你只能投机(即搞冷门);如果你又不是天才,又不太勤奋,又不想投机,那你只能写写科普书了.你说呢?

刘培杰
2016年1月6日
于哈工大